基 于 大 数 据 的 中 国 制 冷 空 调 绿 皮 书 系 列

SURVEY AND STUDY REPORT ON
APPLICATION FOR REFRIGERATION AND AIR-CONDITIONING
PRODUCTS IN CHINA

中国制冷空调实际运行状况调研报告

（2018 年度）

成建宏◎主编

中国质检出版社
中国标准出版社

北 京

图书在版编目（CIP）数据

中国制冷空调实际运行状况调研报告.2018年度/成建宏主编. —北京:中国标准出版社，2018.12

ISBN 978-7-5066-8967-0

Ⅰ.①中… Ⅱ.①成… Ⅲ.①制冷装置—空气调节器—运行—调查报告—中国—2018 Ⅳ.①TB657.2

中国版本图书馆CIP数据核字（2018）第088330号

中国质检出版社
中国标准出版社 出版发行

北京市朝阳区和平里西街甲2号（100029）

北京市西城区三里河北街16号（100045）

网址：www.spc.net.cn

总编室：（010）68533533 发行中心：（010）51780238

读者服务部：（010）68523946

中国标准出版社秦皇岛印刷厂印刷

各地新华书店经销

*

开本710×1000 1/16 印张9 字数137千字

2018年12月第一版 2018年12月第一次印刷

*

定价 40.00 元

指导委员会

何雅玲　罗继杰　金嘉玮　王如竹

孟庆国　张明圣　张小松　周　敏

刘金平　张　杰　田长青　荆华乾

丁国良　石文星　戎向阳　魏庆芃

曹　阳　陈焕新

编委会

主　编： 成建宏　李红旗　钟志峰

刘　华

参　编： 李小双　高恩元　杨　洁

苏玉海　金立文　叶　檀

冯向军　袁　泽　王滨后

过炜华　陈大昆　陈　进

刘小朋　申　隽　肖　伦

PREFACE 前言

本书是由中国制冷学会节能环保技术与信息化工作委员会和新技术与应用促进联盟组织行业专家编写、定期出版的基于大数据的中国制冷空调绿皮书系列调研报告之一。其目的是在不断变化的国内外宏观形势下，以节能环保和技术发展为核心，跟踪和分析中国制冷空调行业的状况和需要，定期向行业提供一些第一手数据和有益的信息，供读者了解产品的能效状况、实际使用和运行状况，研判行业发展方向、热点问题和产品定位，为行业科技进步和产品更新提供参考和支持，促进行业的技术升级和可持续发展。

本书是此系列调研报告的第二期。在第一期（2017 年度）中，介绍了基于大量在用样本远程监测数据的多联机产品实际运行状况，房间空调器、单元式空气调节机、多联式空调（热泵）机组和冷水机组几种产品的能效状况以及几种典型的新产品和一些技术发展的热点问题。

本书共分为四篇。考虑到近年来在政策推动下淘汰燃煤锅炉的形势越来越紧迫（煤改电），空气源热泵具有显著的优势而成为各地首选的替代技术，已大量进入市场，但行业普遍对用户采暖运行的状况缺乏了解，同时也暴露出一些问题。因此，在第一篇首先介绍了空气源热泵（包括空气源热泵热水机、用于冬季供暖的商用和居民家庭用的空气源热泵机组三类产品）的实际运行状况，所有数据均根据大量样本的实时运行监测数据整理；第二篇仍延续第一期的做法，介绍同样几种典型产品能效状况和能效变化；第三篇介绍了近年来中国制冷空调行业以节能环保为主要技术特征的一些新技术和新产品；最后简要介绍了有关 HCFCs 制冷剂替代的一些信息和行业所开展的工作。

本书在编写过程中得到了指导委员会各位专家的无私指导，他们的建设性意见和宝贵建议对于本书的不断改进完善和定稿是极其关键的。

本书是在全体编委共同努力下完成的。在编写过程中得到了珠海格力电器股份有限公司、生态环境部对外合作中心、产业在线、中国制冷空调工业协会、中国家用电器协会、美的商用空调设备有限公司、浙江三花智控有限公司、艾默生环境优化技术（苏州）有限公司、长汀金龙稀土有限公司、国内贸易工程设计研究院有限公司、大金（中国）投资有限公司、国际铜业协会、丹佛斯自动控制管理（上海）有限公司等行业企业的大力支持。同时大量的行业企业积极提供了其最新的新技术和新产品信息，经过专家组评审和遴选后供本书采用。遗憾的是限于篇幅，不能在此一一列举。谨在此对关心和支持本书编写、在编写过程中给予作者各种帮助的所有单位和个人表示衷心的感谢。

由于水平有限，书中错误和不当之处在所难免，敬请读者予以谅解并批评指正，为后续报告的改进与完善提出宝贵意见。

全体编委

2018 年 10 月

CONTENTS 目录

第一篇　空气源热泵实际运行状况

第二篇　2017年度制冷空调产品能效进展

第三篇　新技术与新产品

第四篇　制冷剂替代专题

第一篇

空气源热泵实际运行状况

针对行业对产品的关注多集中在制造环节和新产品方面，对产品在使用过程中的状况缺乏系统了解的问题，本篇介绍了几种空气源热泵产品的实际运行状况，包括用于商用热水场所的空气源热泵热水机、用于商用和户用冬季供暖的空气源热泵机组。本篇所有内容均来自大量在用产品样本的运行监测数据，旨在向读者提供第一手的运行状况信息，但不做过多解读，供读者参考并得出自己的结论。

第1章 概 述

1.1 调研背景

在品质消费取代价格消费观、新型城镇化、煤改气、煤改电等综合因素的推动下，近年来空气源热泵增长迅猛，在热水和采暖市场中的占有率逐年增加。图 1.1 为 2015—2017 年热泵产品市场增长率。

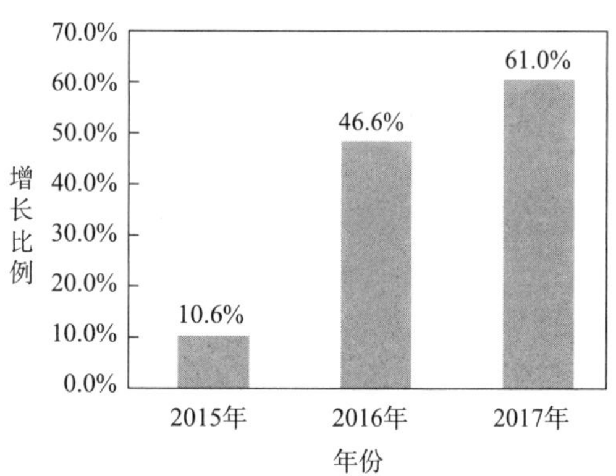

图 1.1 2015—2017 年热泵产品市场增长率

在热泵产品市场份额持续高增长的情况下，热泵的实际使用能耗对整个建筑能耗的影响越来越大。自“十一五”规划以来，节能减排成为我国重要国策，因此，研究并降低热泵的实际使用能耗，可有效助力国家节能减排工作。

热泵的能耗和其运行负荷息息相关，而运行负荷又与热泵的使用工况、用户行为等相关，这些影响因素最终通过热泵的运行状态反映出来。

因此，通过对大量的热泵实际使用状态数据的分析，可以客观、准确地分析热泵的实际使用情况，从而为产品的设计、实际运行能效提升和能效评价标准提供重要参考数据。

1.2 调研方法

为了保证数据的真实可靠，采用大数据统计的方法，即采集大量空气源热泵的远程监测数据，按照特定的分类方式进行多维度对比分析。

1.2.1 大数据分析系统构成

整套系统包含大数据管理客户端、服务器、GPRS 模块等（见图1.2）。其中 GPRS 模块装在样本机组上，GPRS 读取机组条码、型号、定位信息发送至服务器建立该机工程档案。在使用过程中，GPRS 模块可以持续不断地将设备位置、机组信息、运行数据等上传至服务器，再根据统计学原理和大数据计算方法得到机组的实际运行状况。

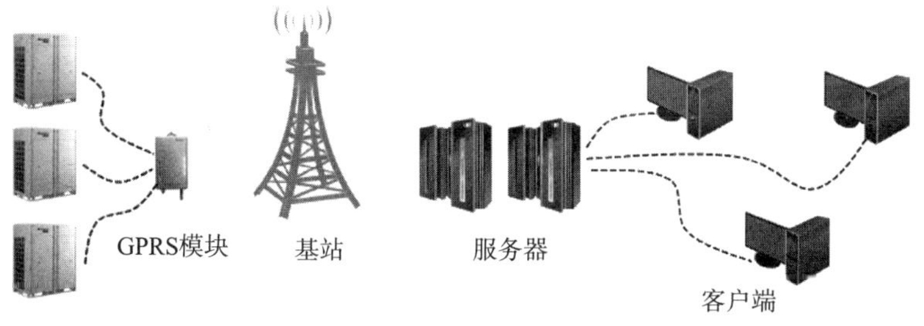

图 1.2 GPRS 数据传输系统示意图

1.2.2 样本选择和分布

选取主流厂家连续一段时间生产、销售并投入使用的空气源热泵热水产品，从中随机抽取样本数量总计 4 万套。

其中商用热水场所空气源热泵热水机1万套，集中采暖场所空气源热泵热水机组1万套，北方户式采暖场所2万套。

1.2.3 数据分析方法

商用热水场所样本机组：采集2016年4月1日至2018年4月1日两个完整年度的数据作为样本数据进行分析。

北方集中采暖场所样本机组：采集2017年11月15日至2018年3月15日整个完整供暖季的数据作为样本数据进行分析。

北方户式采暖场所样本机组：采集2017年11月15日至2018年3月15日整个完整供暖季的数据作为样本数据进行分析。

由于不同场所、不同的气候对空气源热泵热水机的使用需求差别较大，因此对样本数据根据使用场所、使用气候区域的不同分类统计。其中：

按产品的使用场所划分成：商用热水场所、集中采暖场所、北方户式采暖场所。

按产品的使用气候，根据我国建筑气候分类划分为：严寒、寒冷、夏热冬冷、夏热冬暖、温和等五大气候区。

第 2 章　运行状况

2.1　商用热水场所

如前所述，可以得到基于大数据的不同用途、不同地区空气源热泵热水机的实际运行状况。

2.1.1　样本情况

从全国范围内随机抽取 1 万套样品，通过定位信息可统计出样本在全国各区域的占比，见图 2.1。

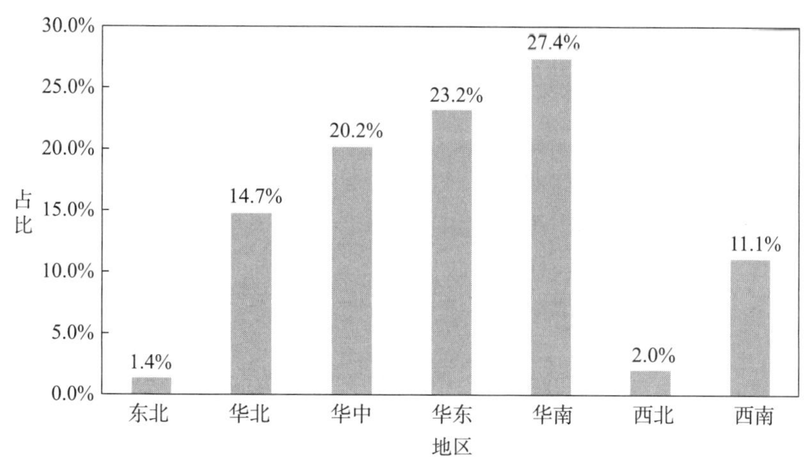

图 2.1　全国各区域占比

样本分布情况和全国各区域市场占比整体差距不大，样本分布情况较为合理。为了分析更加准确，这里把空气源热泵热水机的类型详细进行划分，根据 GB/T 25127. 1—2010 低环境温度空气源热泵（冷水）机组规定把样本分为低温型和普通型。低温型是指能在不低于 -20℃ 环境温度下制取热水的设备。图 2. 2 为低温型和普通型热泵热水机在全国各区域占比。

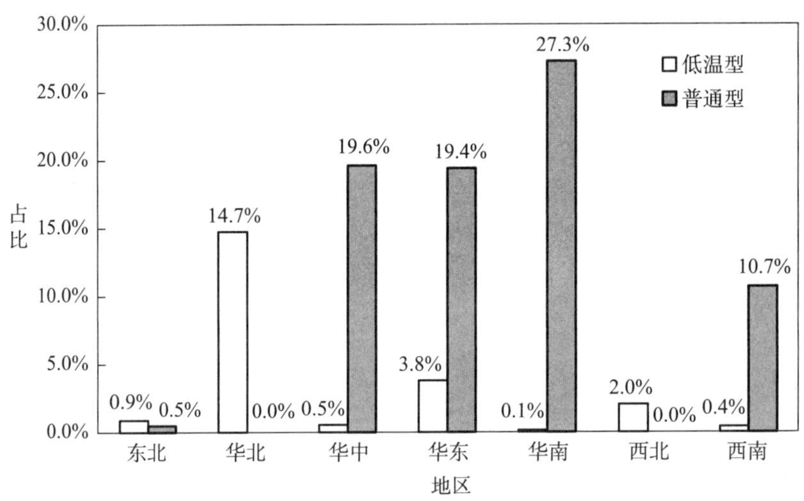

图 2. 2　低温型和普通型热泵热水机在全国各区域占比

2. 1. 2　水箱温度分布

水箱温度的分布主要体现出用户对水温的需求情况。按照国家标准 GB 50015—2009《建筑给水排水设计规范》热水温度在 30～50℃。对于空气源热泵热水机，水温越高其能效比越低，因此通过对水温的分布研究可以了解到空气源热泵热水机的应用是否节能。

2. 1. 2. 1　按照气候区域统计水箱温度分布情况

不同气候区域受使用环境和习惯的影响，水箱温度间接反映出用户的使用需求。图 2. 3～图 2. 8 为统计不同气候区域水箱温度在各个温度段的时间占比。其中占比为水箱在各个温度段的时长与各水箱温度的总时长之比。在统计时为了更好地对比各个区域的分布情况，对图表的纵坐标最大值统一取 70. 0%。

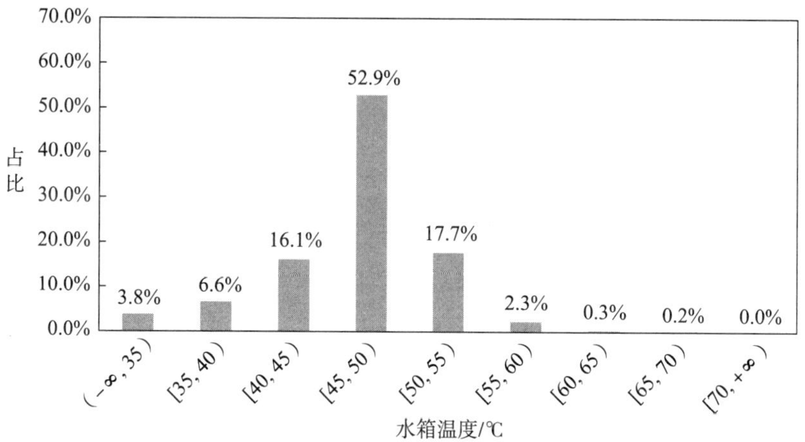

图 2.3　商用场所水箱温度分布（全国）

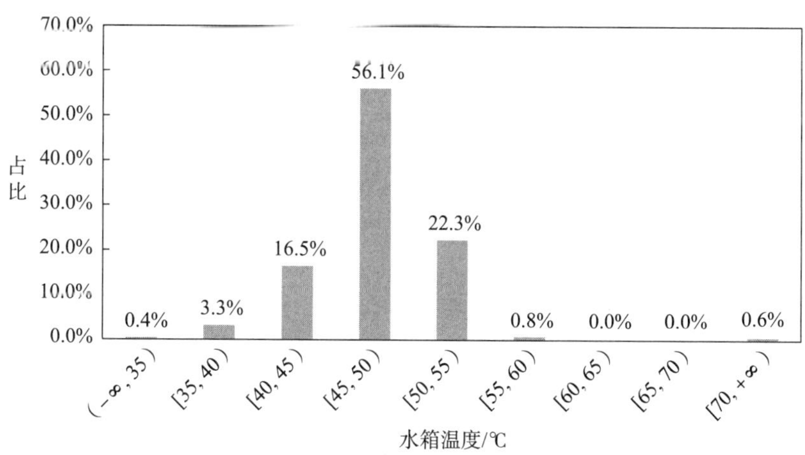

图 2.4　商用场所水箱温度分布（严寒地区）

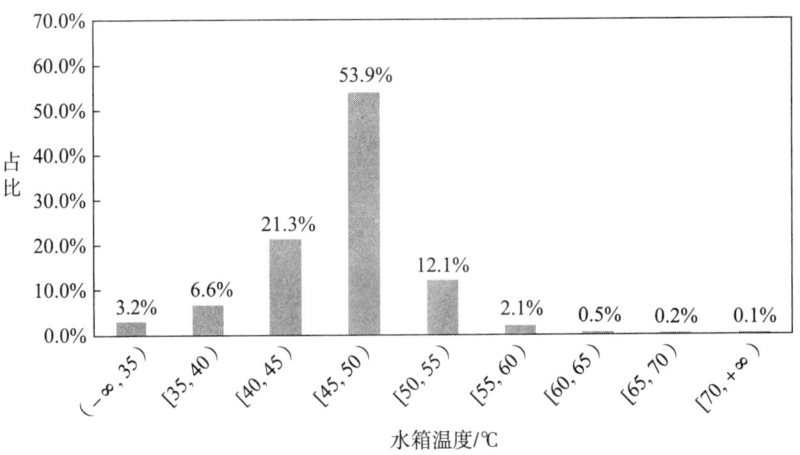

图 2.5　商用场所水箱温度分布（寒冷地区）

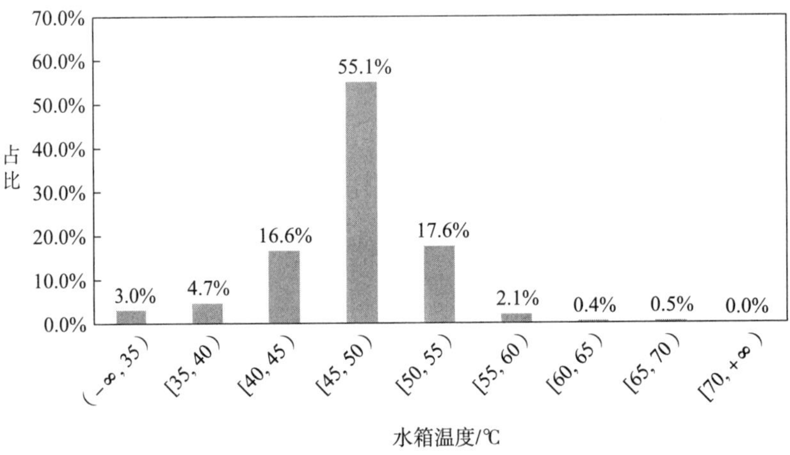

图 2.6　商用场所水箱温度分布（夏热冬冷地区）

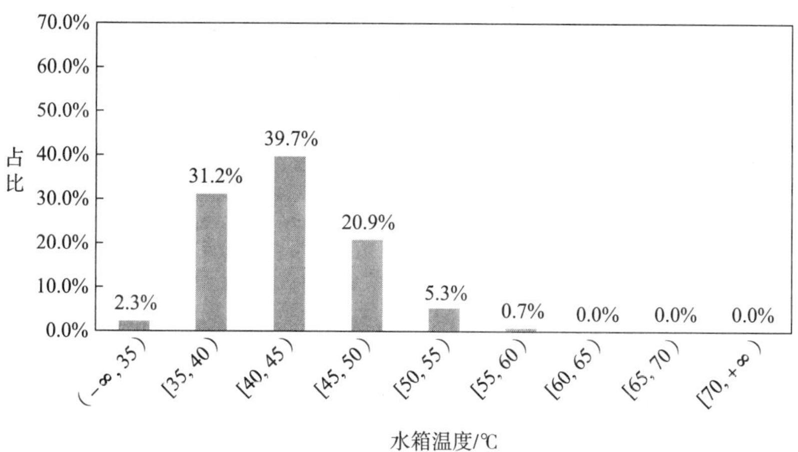

图 2.7　商用场所水箱温度分布（温和地区）

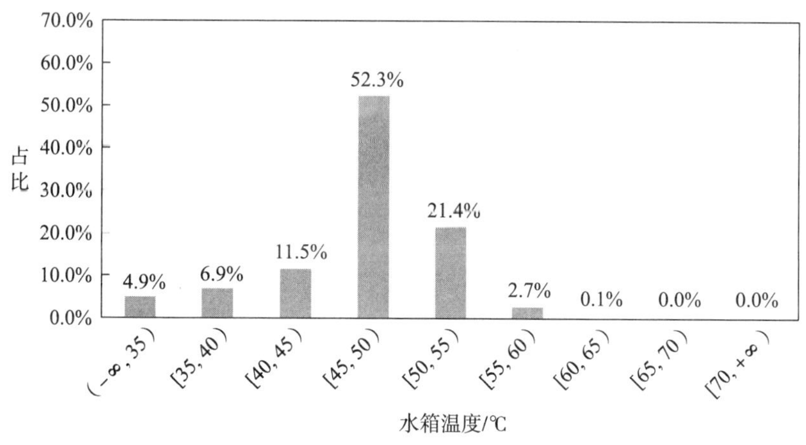

图 2.8　商用场所水箱温度分布（夏热冬暖地区）

由图 2.3 ~ 图 2.8 可以得出如下结论：

1）由图 2.3 中可以看出，用户水箱温度主要分布在 45 ~ 50℃ 区间内占比达 52.9%。由于空气源热泵热水机是储热形式的，热水首先存储在保温水箱中，但保温水箱距离用户用水点有一定距离，再加上水箱、管道散热，到达用户用水点温度在 35 ~ 48℃ 之间，与国家规定热水温度在 30 ~ 50℃ 符合。此外水箱温度 40 ~ 45℃ 占比 16.1%，50 ~ 55℃ 占比 17.7%，

55～60℃占比2.3%，36.1%部分用户对水温有不同的需求。

2）温和地区的水箱温度在40～45℃占比最高达39.7%。出现这种情况的主要原因和该地区气候有关，温和地区天气适宜，用户对热水水温需求不是很高，所以总体分布左移。

3）从各个不同气候区域水箱温度分布来看，除温和地区的水箱温度分布有向低水温移动外，其他地区温度都集中在45～50℃。由于商用工程设定一个能够满足全年的水温后，一般没有人会去调整机组，所以造成除温和地区外，其他的地区水箱温度分布接近。

4）从气候分布区域来看，在夏热冬暖、夏热冬冷等有高环境温度的地区，通过调低在高环境温度下的水箱温度，工程运行可以更加节能。

2.1.2.2 按照月份统计水箱温度分布情况

图2.9～图2.20统计不同月份水箱温度在各个温度段的时间占比。其中占比为水箱在各个温度段的时长与各水箱温度的总时长之比。在统计时为了更好地对比各个区域的分布情况，对图表的纵坐标最大值统一取70.0%。

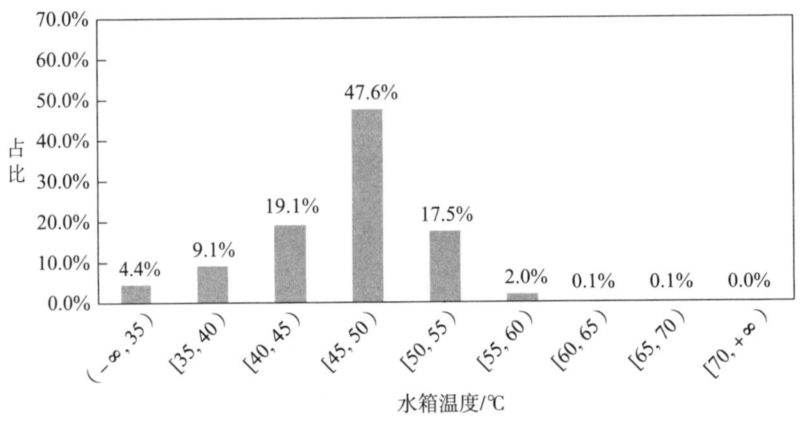

图2.9　商用场所水箱温度分布（1月份）

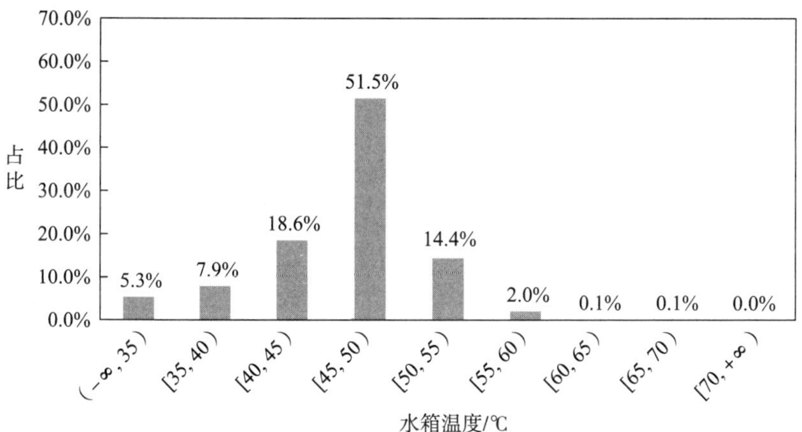

图 2.10　商用场所水箱温度分布（2 月份）

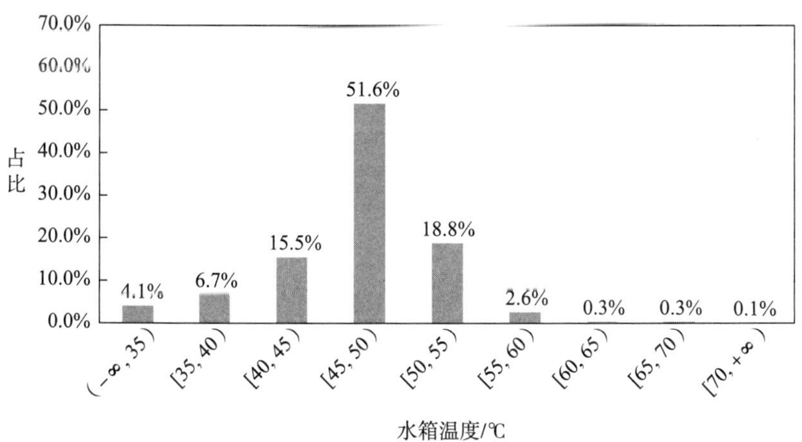

图 2.11　商用场所水箱温度分布（3 月份）

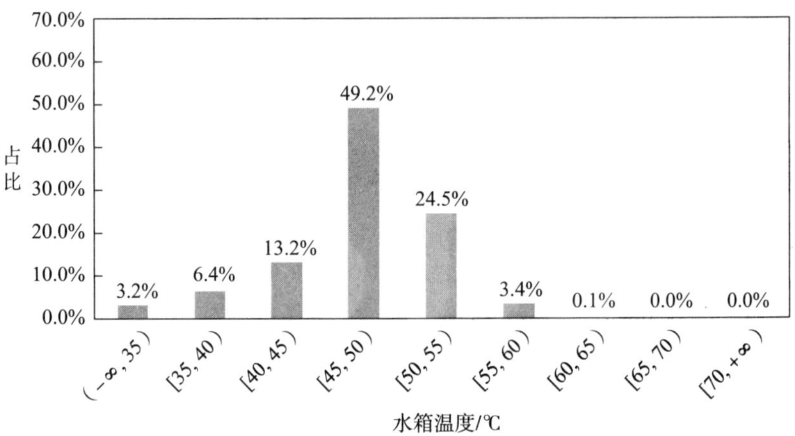

图 2.12　商用场所水箱温度分布（4 月份）

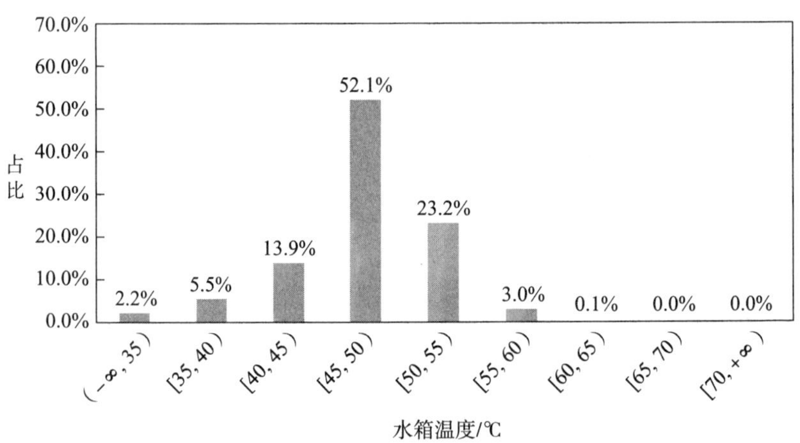

图 2.13　商用场所水箱温度分布（5 月份）

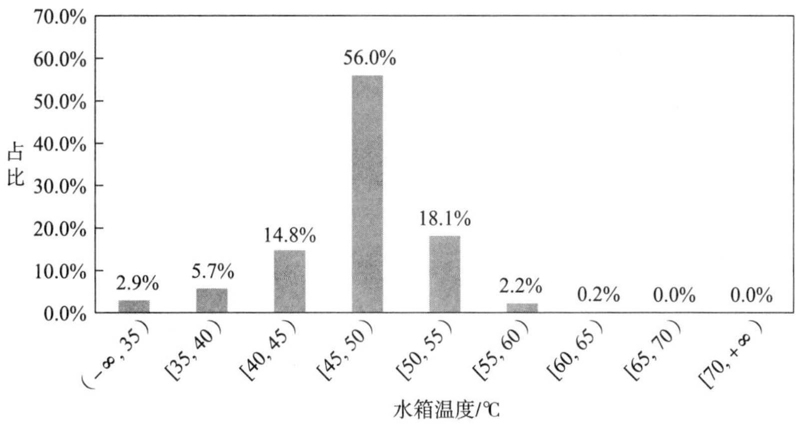

图 2.14　商用场所水箱温度分布（6 月份）

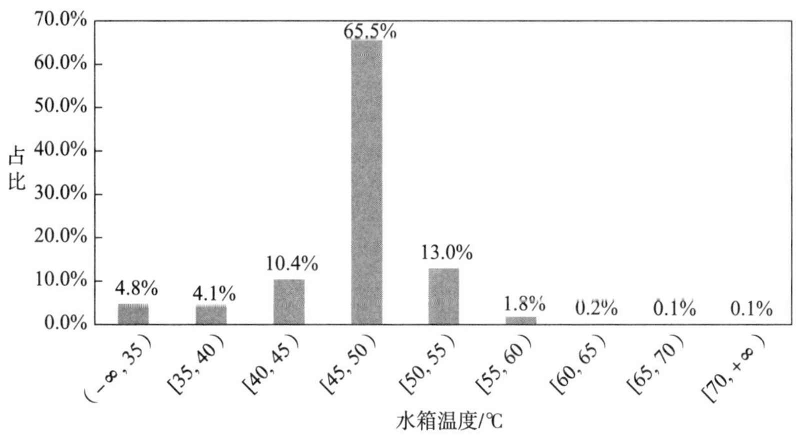

图 2.15　商用场所水箱温度分布（7 月份）

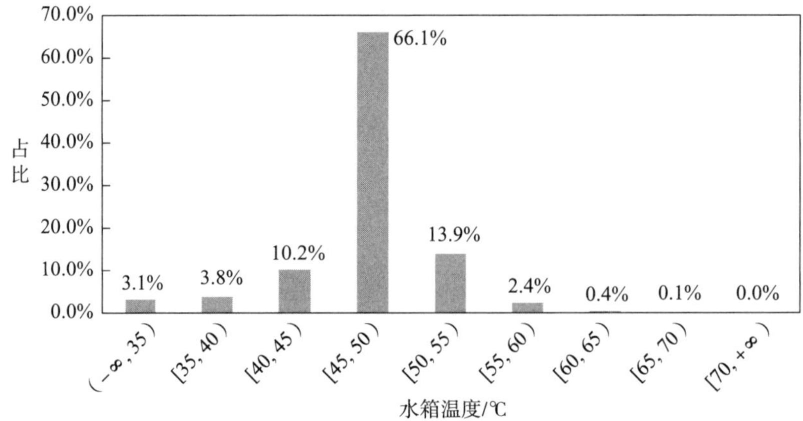

图 2.16　商用场所水箱温度分布（8 月份）

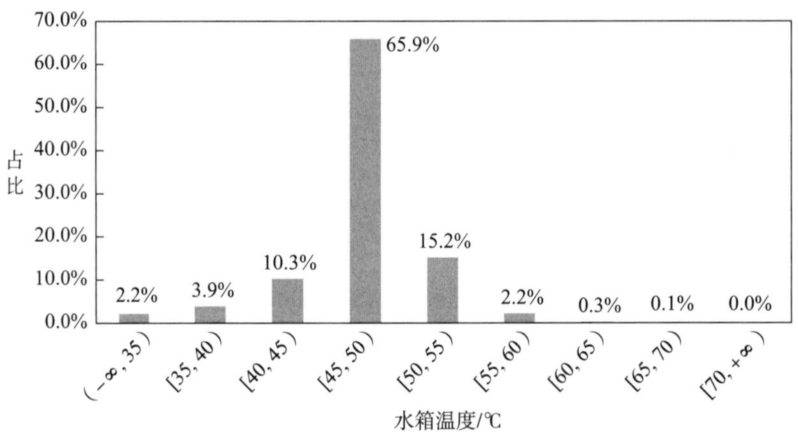

图 2.17　商用场所水箱温度分布（9 月份）

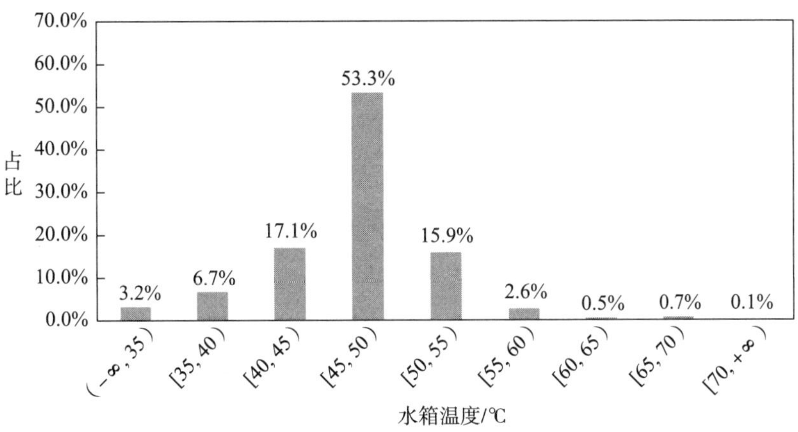

图 2.18　商用场所水箱温度分布（10 月份）

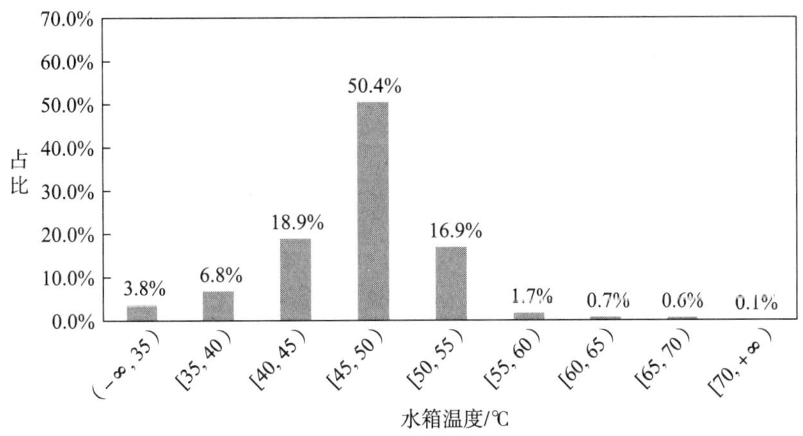

图 2.19　商用场所水箱温度分布（11 月份）

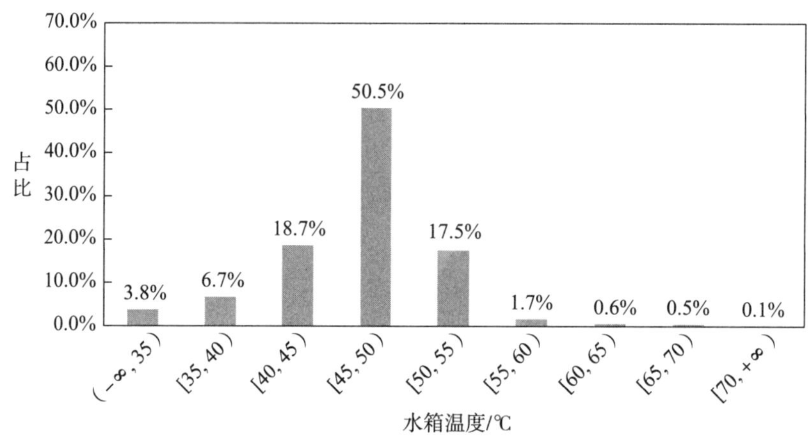

图 2.20　商用场所水箱温度分布（12 月份）

由图 2.9～图 2.20 可以得出如下结论：

1）从全年 12 个月的水箱温度总体分布情况来看，水箱温度分布没有因为时间的变化而有较大的变动。说明大部分用户并没有因为时间的变化去更改需求的水箱温度，人为干涉商用热水机运行较少。

2）对比其他月份来说，7、8 月份水箱温度在 50～55℃高水温分布占比显著降低，说明随着环境温度升高，用户对高水温的需求明显降低，符合用户用水习惯。

3）对比分析水箱温度在 40～45℃在不同月份的变化情况，可以发现水箱温度在 40～45℃的占比随各月份的温度降低而升高。由于环境温度越低，水箱散热越快，从 45～50℃温度区间降到 40～45℃区间的时间更多。

2.1.3　运行时间分布

运行时间的分布可以从全天各时段、不同环境温度下和不同的水箱温度下机组的运行情况分析用户的使用习惯，使用需求。

2.1.3.1　按照气候区域统计全天各时段运行时长占比情况

图 2.21～图 2.26 统计不同气候区域下各个时段运行时间占总运行时

间的比例。其中占比为机组在各个时段的运行时长与机组的总运行时长之比。在统计时为了更好地对比各个区域的分布情况，对图表的纵坐标最大值统一取 8.0%。

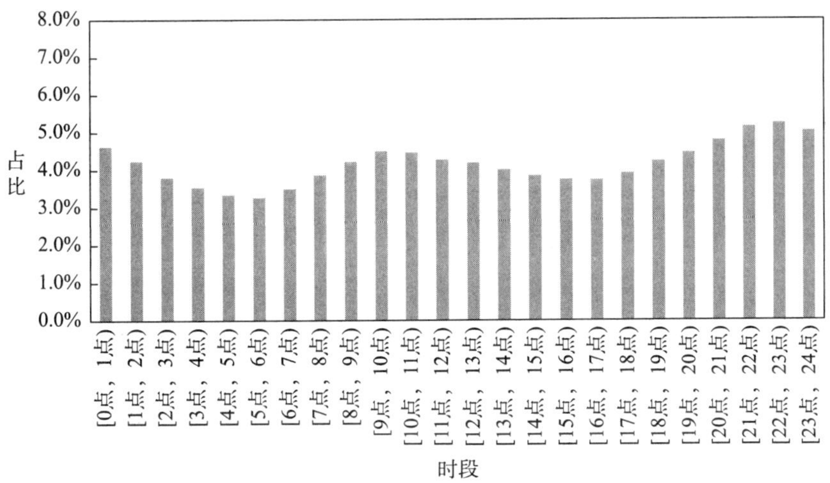

图 2. 21　运行时段分布（全国）

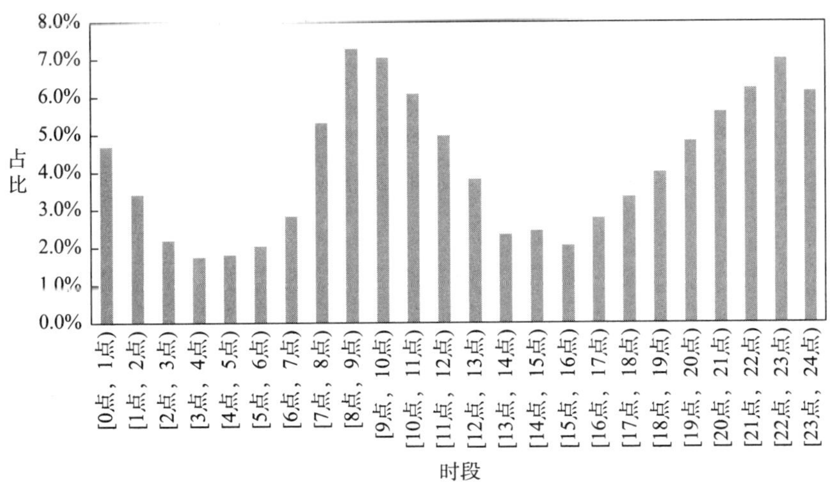

图 2. 22　运行时段分布（严寒地区）

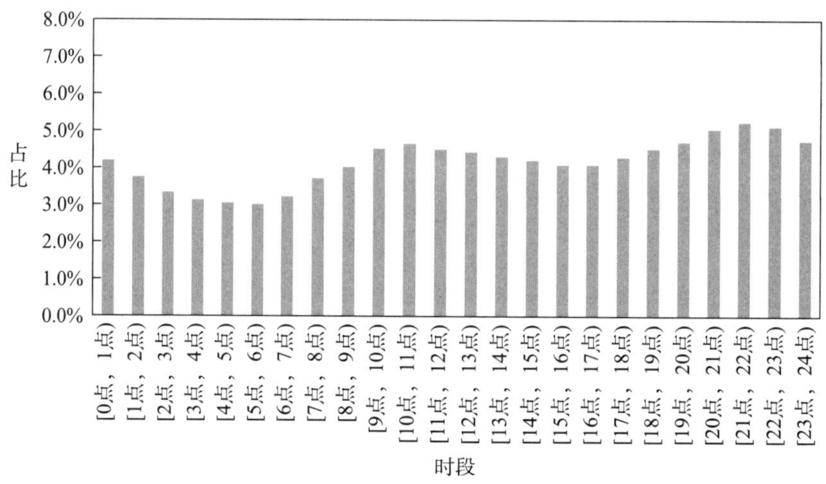

图 2.23　运行时段分布（寒冷地区）

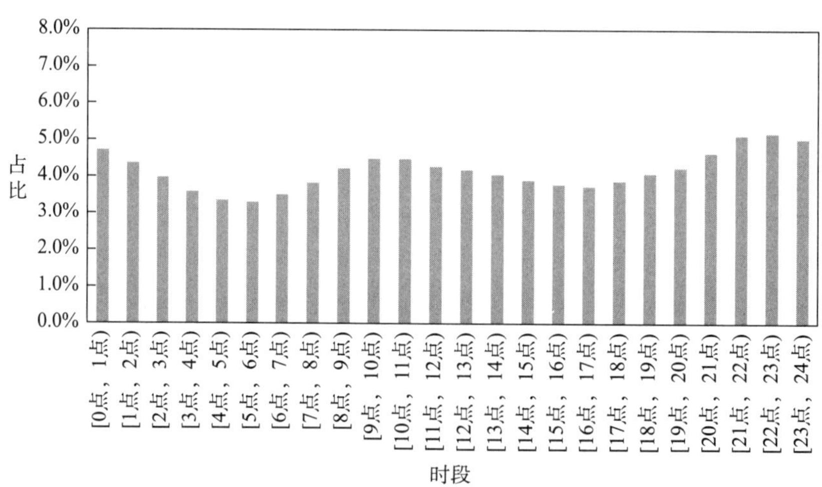

图 2.24　运行时段分布（夏热冬冷地区）

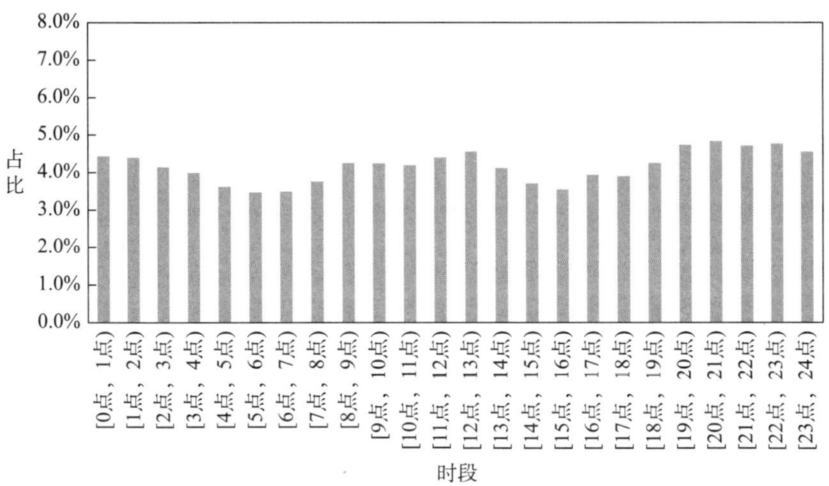

图 2.25　运行时段分布（温和地区）

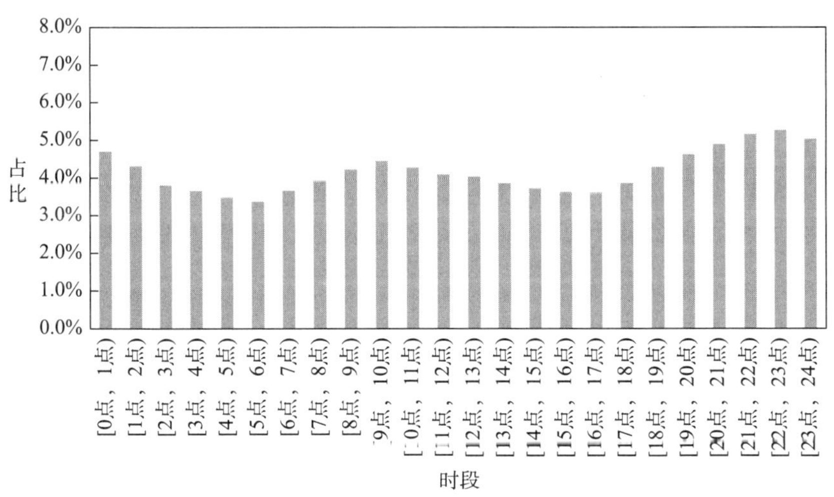

图 2.26　运行时段分布（夏热冬暖区）

由图 2.21 ~ 图 2.26 可以得出如下结论：

1）由全国运行时段分布比例可以看出，一天内机组运行的时间相对比较均匀，各个时段相差较小。

2）从全国运行时段分布比例还可以发现机组运行时段会在早上 9—

10 点达到一个峰值，晚上 22—23 点也达到一个峰值。出现这种现象主要是与用户的生活习惯相符合，每天早上和下午属于热水使用时间，用户使用后，机组需要开启加热，故运行时间也会在使用后出现峰值。

3）在全国运行时段分布比例中对比出现的两个波动，从 5—6 点的波谷到 9—10 点的波峰的波动周期与从 16—17 点的波谷到 22—23 点的波峰的波动周期来看，后者的时长达到 7h，前者的时长为 5h。出现这种不同，与人们的活动时间相关，人们通常在早上 6 点开始起床用热水到 10 点结束，晚上则是从 16 点开始用热水到 22 点结束。且还可以看出早上用水量要小于晚上用水量，因为从分布来看，达到峰值所用的时长不同。

4）对比各个气候地区运行时段分布比例，除严寒地区运行时段相差较大外，其他地区相对分布较均匀。

5）分析严寒地区运行时段，造成运行分布比例相差较大的原因是环境温度降低后，热泵热水机组能力衰减，需要运行更多时间达到目标温度。

2.1.3.2 按照月份统计全天各时段运行时间占比情况

图 2.27 ~ 图 2.38 统计不同月份水箱温度在各个温度段的占比。其中占比为机组在各个时段的运行时长与机组的总运行时长之比。在统计时为了更好地对比各个月份的分布情况，对图表的纵坐标最大值统一取 7.0%。

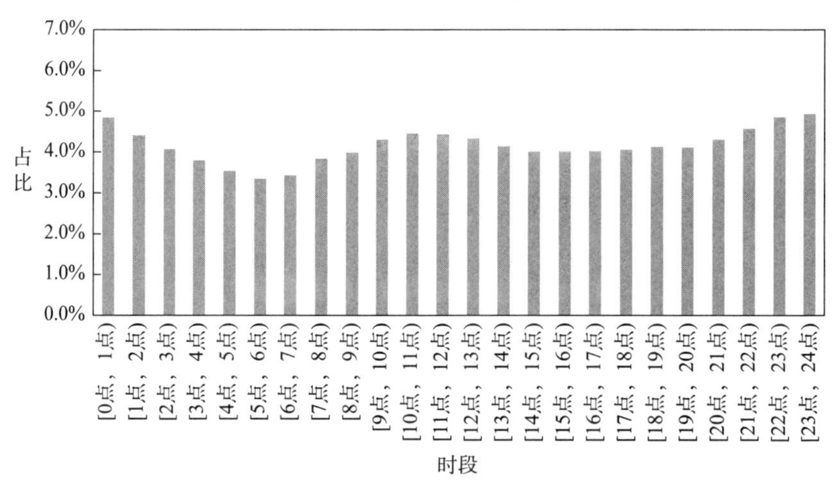

图 2.27 运行时段分布（1 月份）

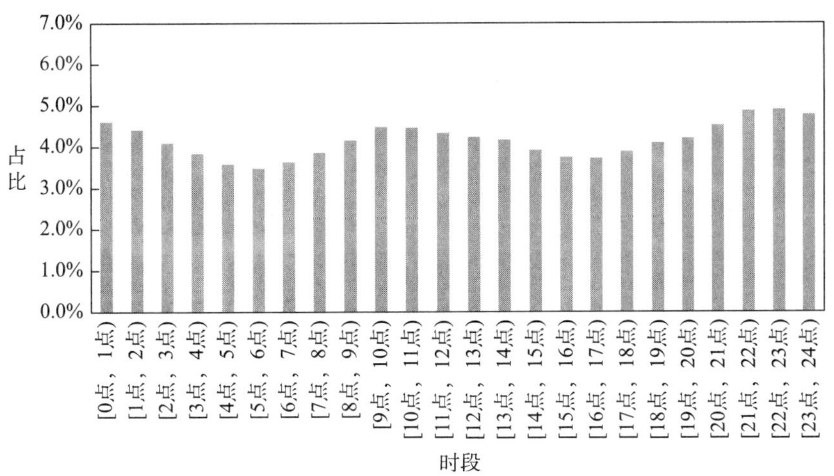

图 2.28　运行时段分布（2 月份）

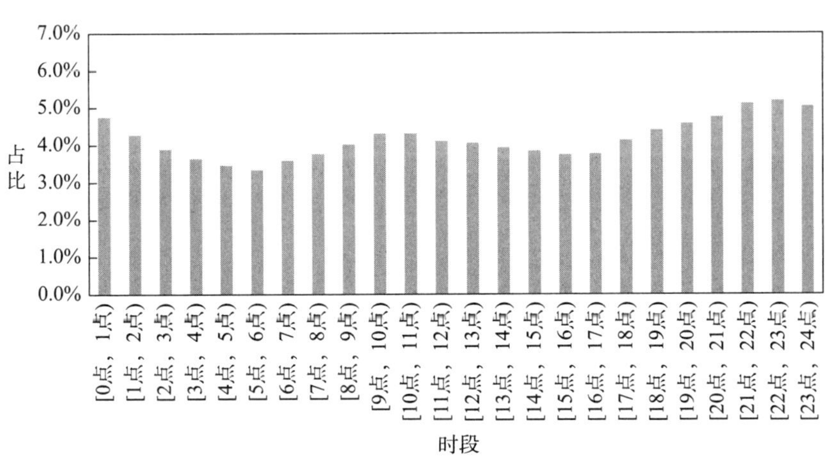

图 2.29　运行时段分布（3 月份）

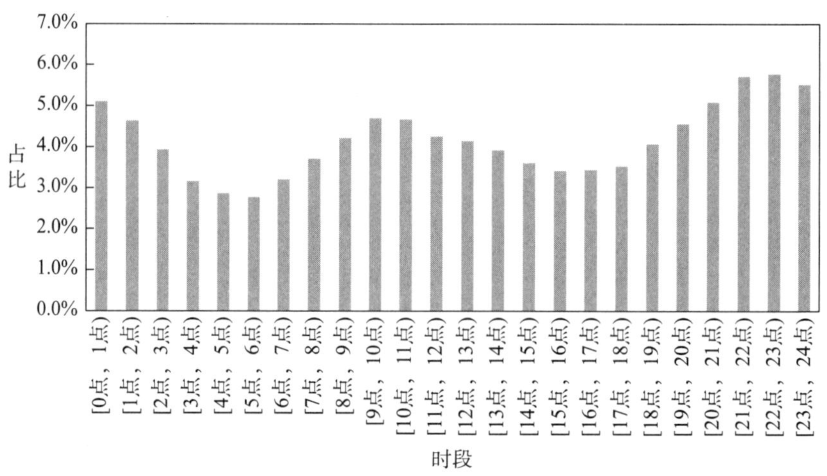

图 2.30　运行时段分布（4 月份）

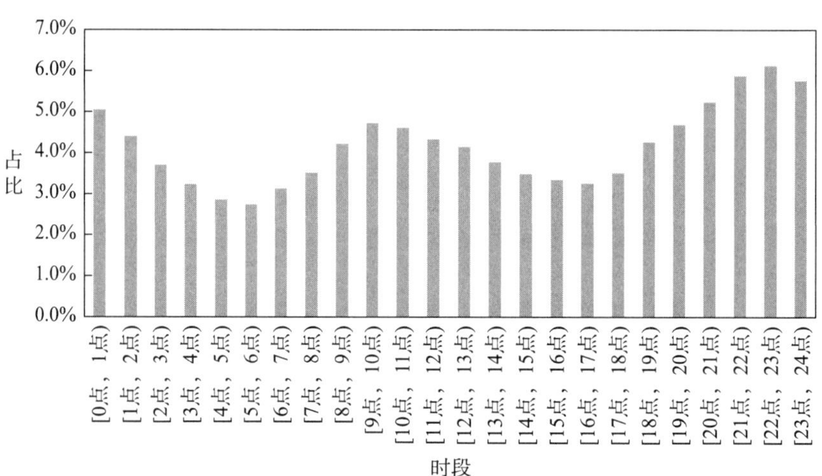

图 2.31　运行时段分布（5 月份）

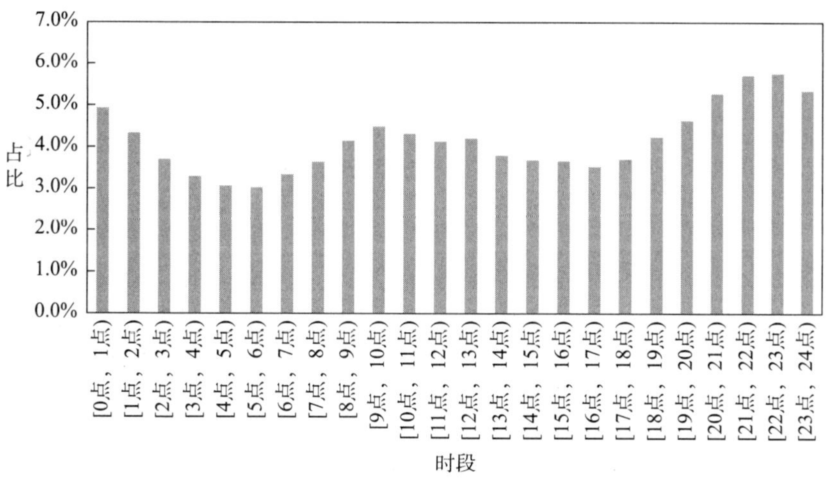

图 2.32　运行时段分布（6 月份）

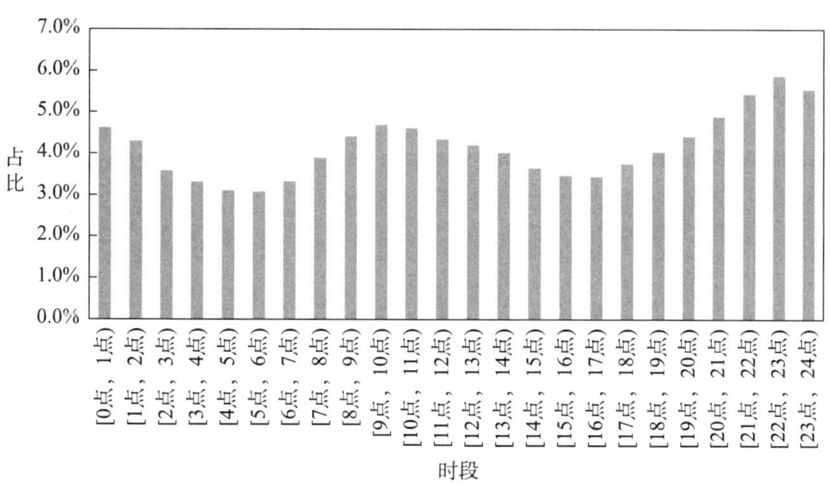

图 2.33　运行时段分布（7 月份）

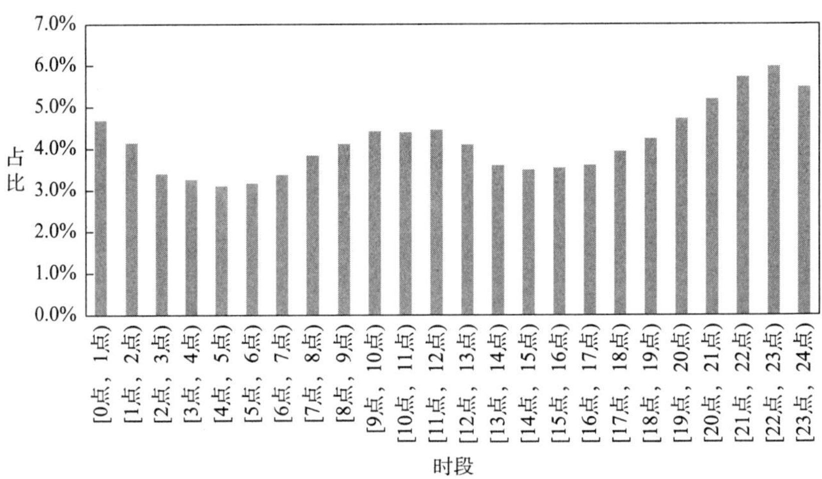

图2.34　运行时段分布（8月份）

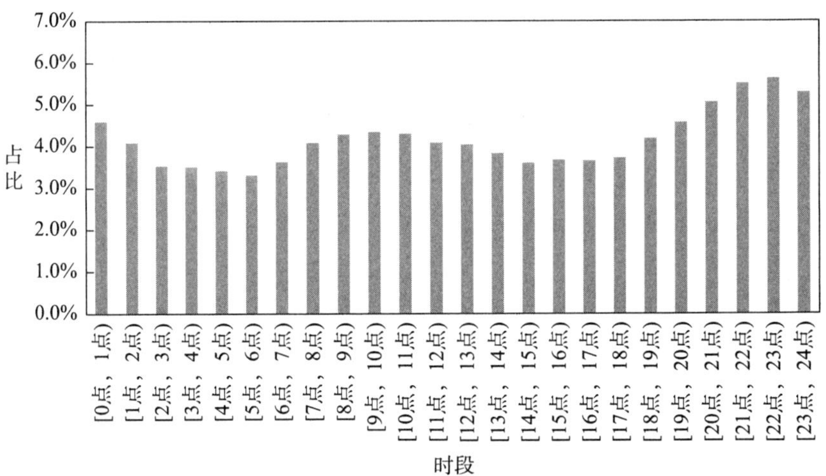

图2.35　运行时段分布（9月份）

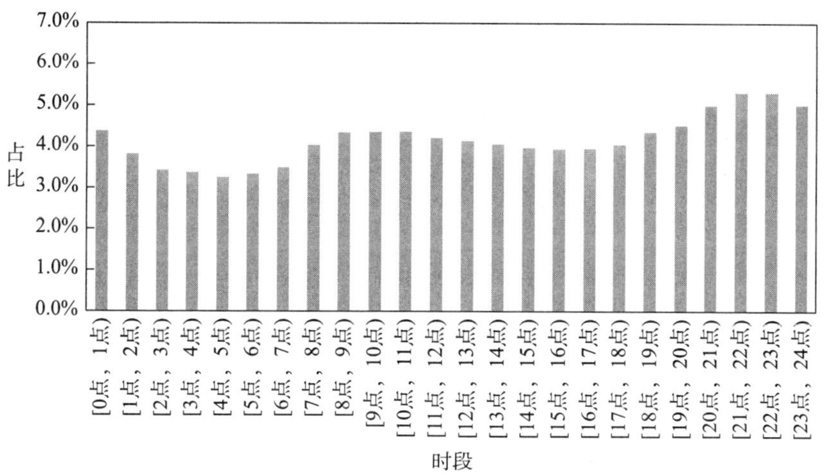

图 2.36　运行时段分布（10 月份）

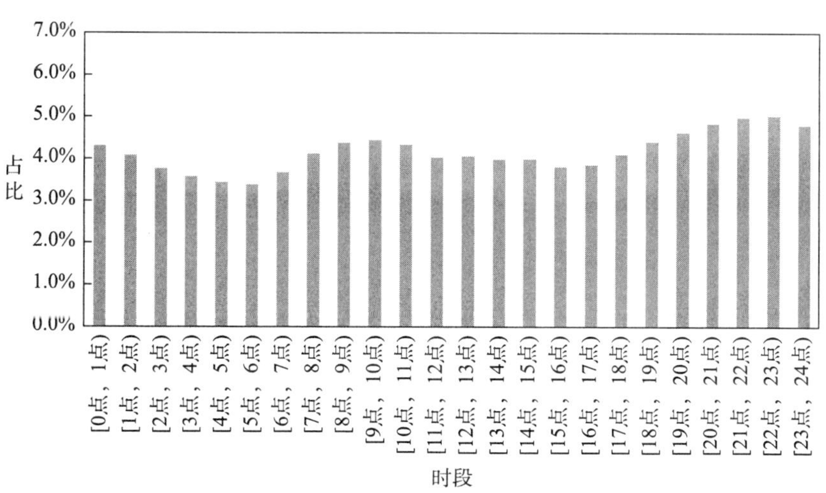

图 2.37　运行时段分布（11 月份）

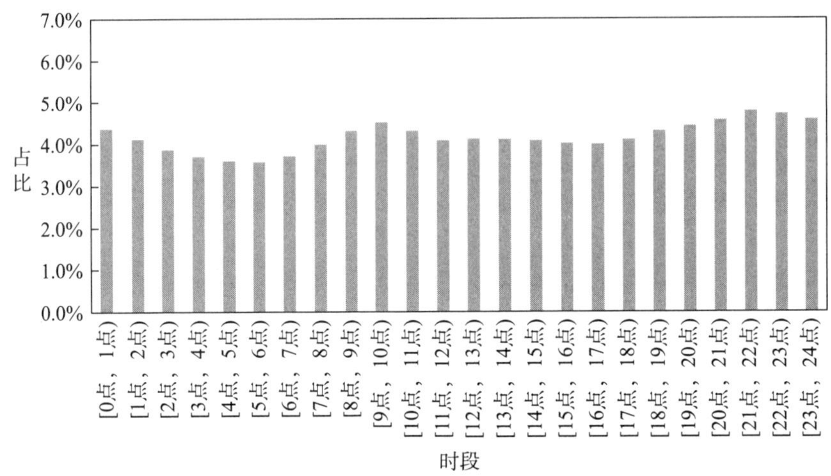

图 2.38　运行时段分布（12 月份）

由图 2.27～图 2.38 可以得出如下结论：

1）各个月份的运行时段分布总体和全国的保持相同的趋势。

2）通过对比可以发现 1 月份、10 月份、11 月份、12 月份第二个波谷非常不明显。出现这种情况的原因是这几个月气温相对较低，且在第二个波谷时段环境温度也没有中午高。由于气温低，第一个波峰机组加热到停机需要更多的时间，与用户用水后加热时间重叠。

2.1.3.3　按照气候区域统计各环境温度运行时长占比情况

图 2.39～图 2.44 统计不同气候区域下机组在各个环境温度下运行时间占总运行时间的比例。其中占比为机组在各个环境温度下的运行时长与机组的总运行时长之比。

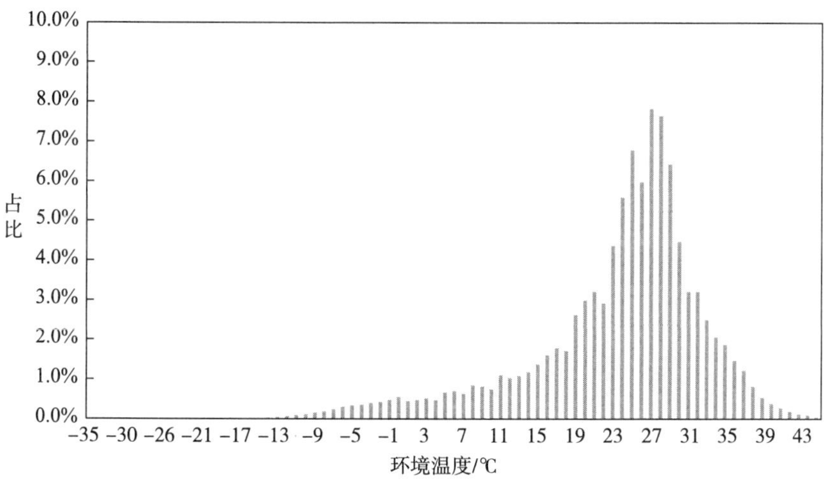

图 2.39　各环境温度下运行时长分布（全国）

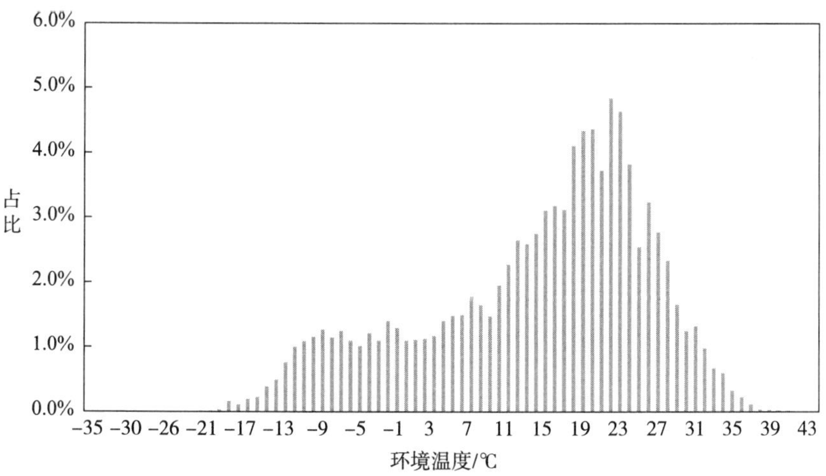

图 2.40　各环境温度下运行时长分布（严寒地区）

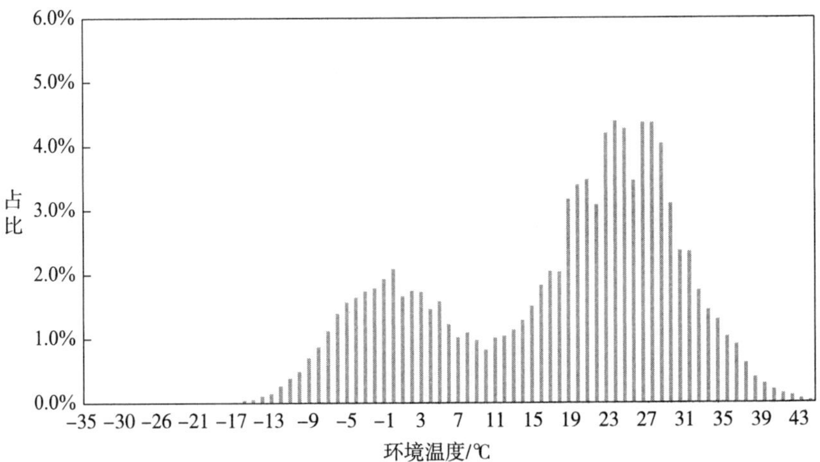

图 2.41　各环境温度下运行时长分布（寒冷地区）

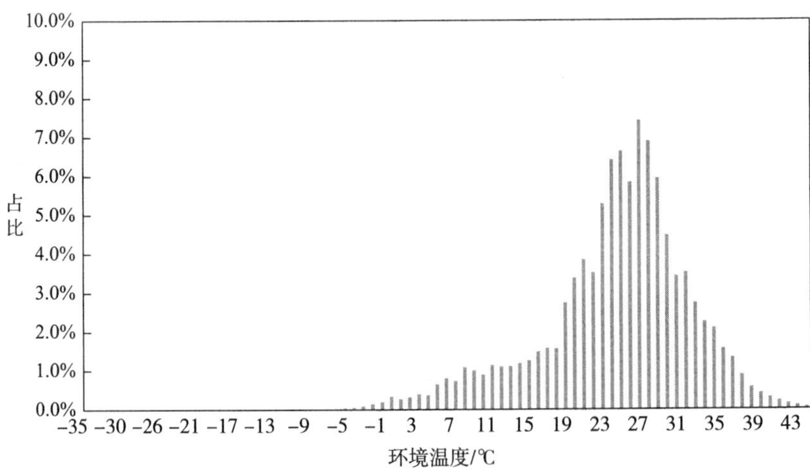

图 2.42　各环境温度下运行时长分布（夏热冬冷地区）

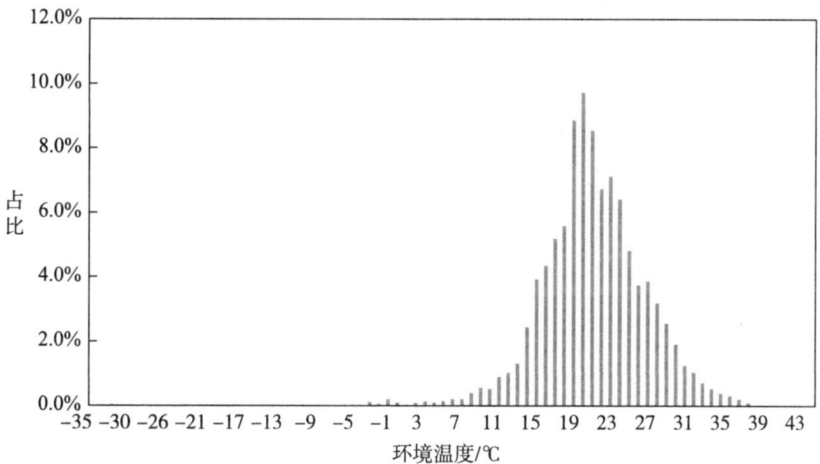

图 2.43　各环境温度下运行时长分布（温和地区）

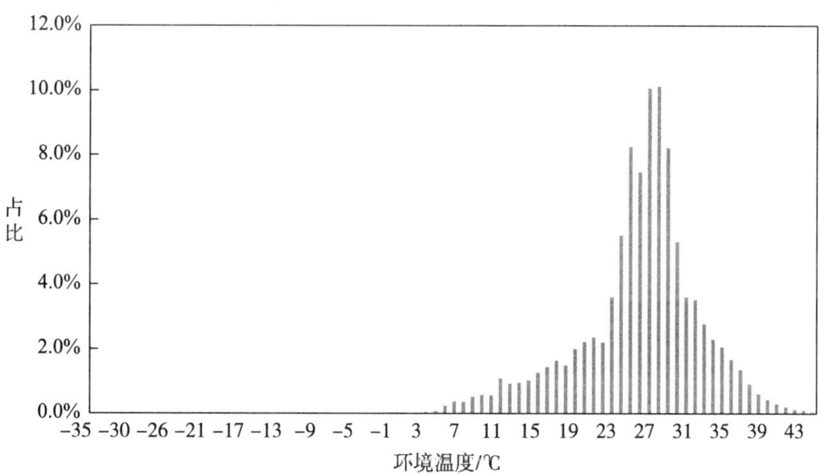

图 2.44　各环境温度下运行时长分布（夏热冬暖地区）

由图 2. 39 ~ 图 2. 44 可以得出如下结论：

1）各个气候地区的运行时长总体分布与各自区域的环境分布有相同的趋势。

2）分析图 2. 39 和图 2. 40，发现其运行时长和环境温度分布在低温时略有不同。正常为近似正态分布形式，但是图 2. 39 和图 2. 40 不为正态分布，主要原因是由于空气源热泵热水机组在环境温度低时，机组的制热能力有衰减，为了达到用户需求的供热量，机组的运行时长增加。同时发现图2.39和图2.40的趋势不相同，结合图2.2不同区域不同热泵类型分布可知，这主要是由于在严寒地区采用的是低温型热泵，相对普通型热泵，其制热能力衰减量较小。

2.1.3.4 按照气候区域统计各水箱温度运行时间占比情况

图2.45～图2.50统计不同气候区域不同水箱温度下运行时间占总运

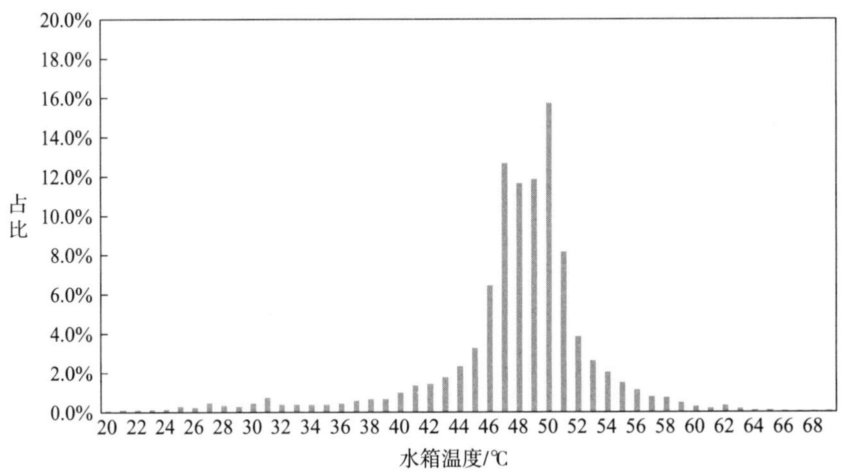

图2.45 运行时长分布（全国）

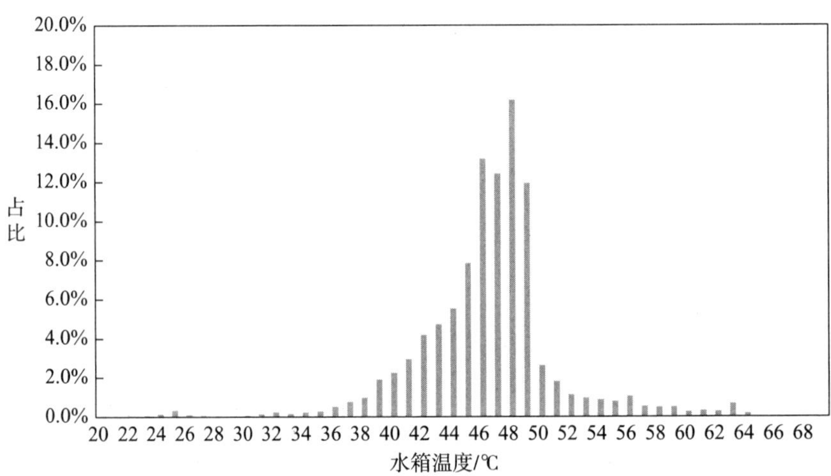

图2.46 运行时长分布（严寒地区）

行时间的比例。其中占比为各个水箱温度下机组的运行时间与各水箱温度下机组的总运行时间之比。

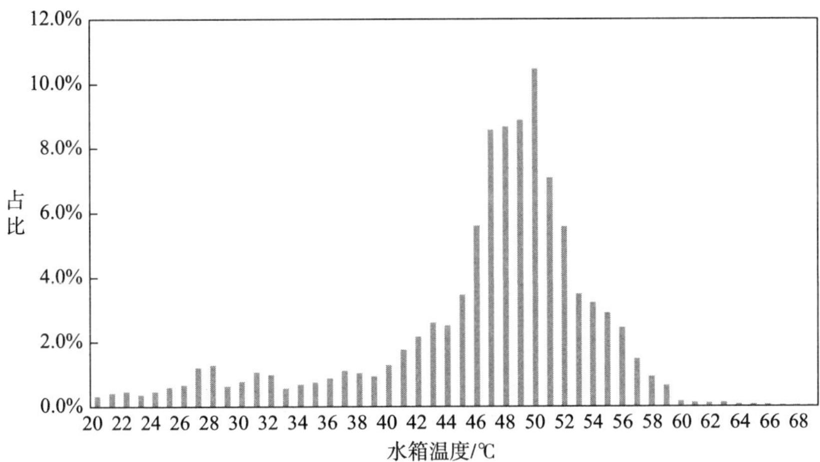

图 2.47　运行时长分布（寒冷地区）

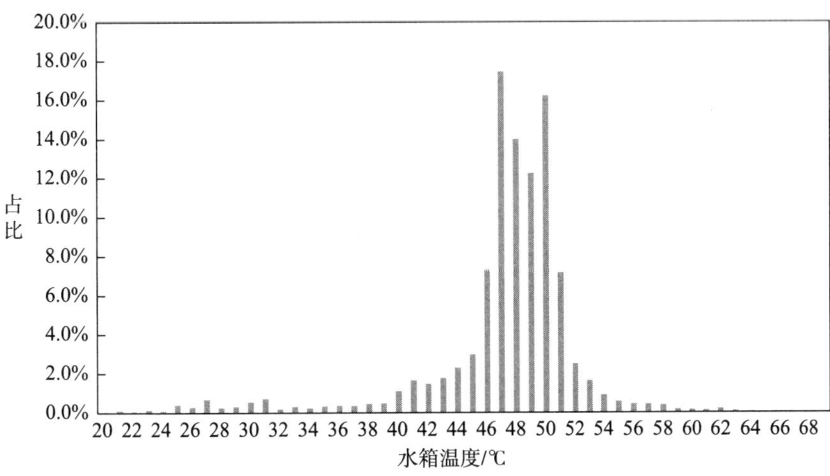

图 2.48　运行时长分布（夏热冬冷地区）

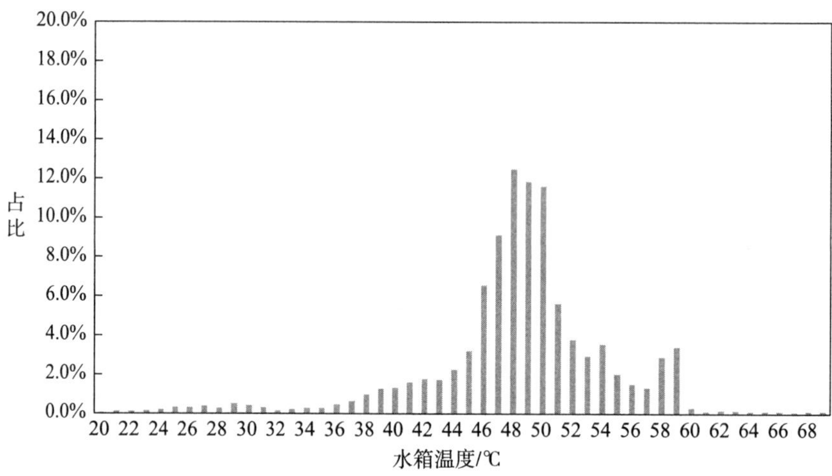

图 2.49　运行时长分布（温和地区）

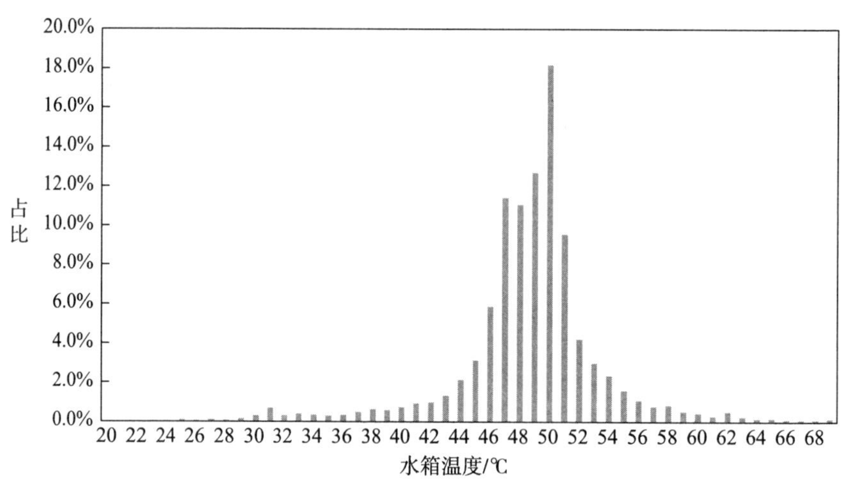

图 2.50　运行时长分布（夏热冬暖地区）

由图 2.45 ~ 图 2.50 可以得出如下结论：

1）各个气候地区的运行时长分布情况类似，主要集中在50℃附近范围内。

2）从分布的集中程度可以看出，空气源热泵热水机能够按照用户所需，达到设定温度。否则水箱在低水温运行时间会加长。

2.2 集中采暖场所

2.2.1 样本分布

从全国范围内随机抽取1万套样品，通过定位信息可统计出样本在全国各区域的占比（见图2.51）。

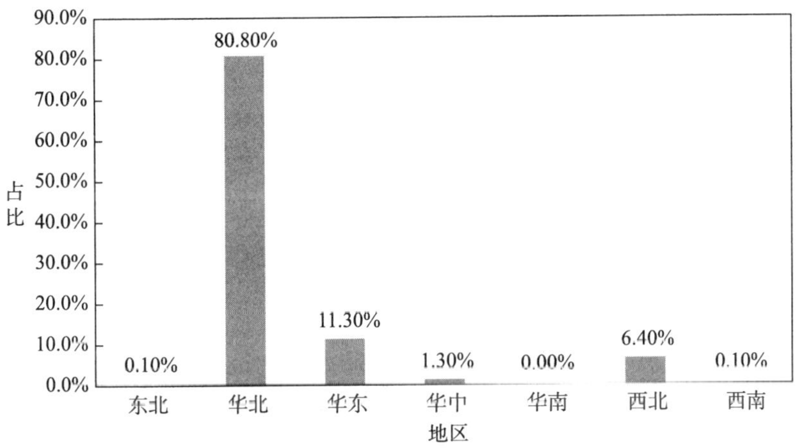

图2.51 全国各区域分布

由图2.51可知：

1）集中采暖场所主要还是集中在华北地区。

2）出现华北占比较大主要是受到当地政策的影响。各地方政府对煤改电政策的大力推行。

3）图中除了华北，其他区域如华东、西北也有空气源供暖工程，这说明空气源热泵供暖也逐步被人们所认识和接受。

2.2.2 采暖机组容量分布

图2.52统计了在全国范围内安装的机组容量分布。

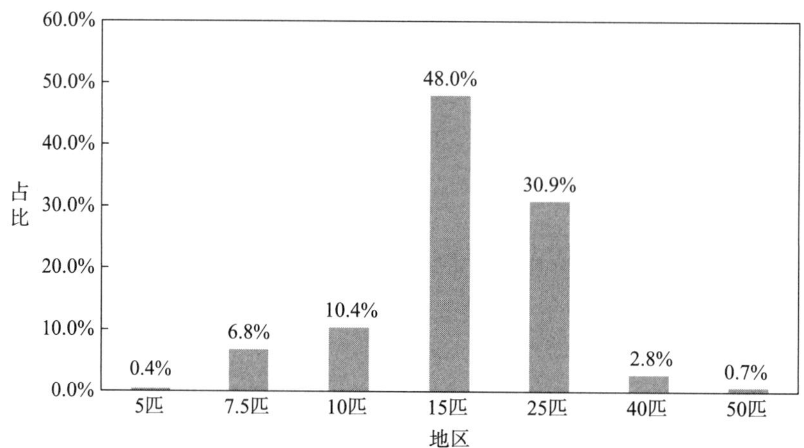

图 2.52　机组容量分布

由图 2.52 可知：

1）从机组容量可以看出，容量主要分布在 15 匹①和 25 匹这两款机组，占总比的 78.9%。主要是由于机组主要用于集中采暖场所，供暖面积大，选取太小的机组安装数量大，工程量大。选太大的机组数量又太少，1 台组出现异常对供暖影响严重。

2）小制热量的机组也占有一定的比例，这些机组主要用在单户供暖面积在 200～500m^2 的需求。

2.2.3　供暖水温分布

图 2.53 统计了全国范围内采暖机组供暖的水温分布。

由图 2.53 可知：

1）集中采暖场所的供水温度主要集中在 40～60℃之间，占总比例的 82.7%。这是因为集中采暖场所应用的主要是煤改电的改造替代，采用的多是散热片取暖，对温度的要求要高。

2）集中采暖场所有 7.9% 采用的是 30～40℃水温进行供暖，这部分用

① 1 匹 =735.5W

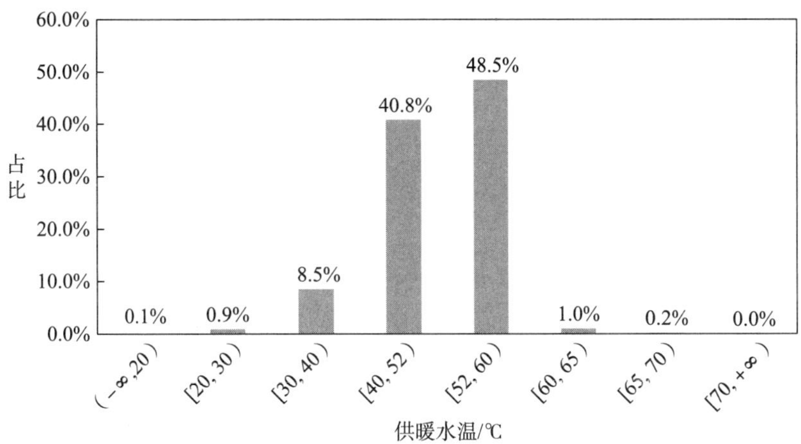

图 2.53　供暖水温分布

的是地暖等低水温供暖的方式。

3）集中采暖场所有 8.3% 采用的是 60～65℃水温进行供暖，这部分是因为前期采用锅炉供暖热水管网结垢或者散热片面积小，造成需要提高供水温度才能达到取暖效果。

图 2.54 和图 2.55 分别统计了全国范围内采暖机不同的末端形式下供水温度的分布。

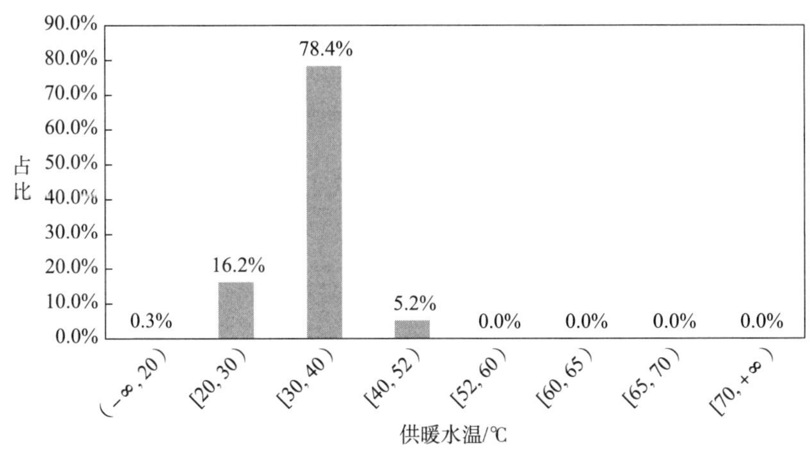

图 2.54　地板采暖供暖水温分布

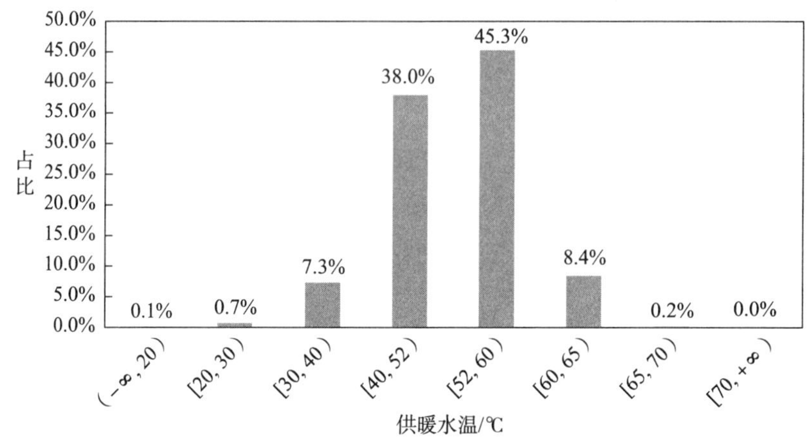

图2.55 散热片采暖供暖水温分布

1）由图2.54可知，地板采暖的水温主要分布在30～40℃的区间，占比达到78.4%。

2）由图2.55可知，散热片采暖供水温度主要集中在40～60℃区间，占总比例的83.3%。

3）由图2.55可知，散热片采暖供水温度主要分为两部分，40～52℃和52～60℃，分别占比38%和45.3%。出现这种现象的原因与散热片的具体形式和使用时间有关，新型的散热片或者是新的没有水垢的散热片采用40～52℃可以满足供暖需求，但是对于老式的或者使用时间较长里面产生水垢的就需要52～60℃的更高水温进行供暖。

4）对比图2.53和图2.55可知，从散热片的水温分布和总体水温分布趋势接近，表明在集中采暖场所，散热片采暖占大部分比例。

2.2.4 运行时长分布

运行时间的分布可以从全天各时段、不同环境温度下和不同的水箱温度下机组的运行情况，从而分析用户的使用习惯、使用需求。

2.2.4.1 按照气候区域统计各环境温度运行时长占比情况

图2.56～图2.61统计不同气候区域下机组在各个环境温度下运行时

间占总运行时间的比例。在统计时为了更好地对比各个区域的分布情况，对图表的纵坐标最大值统一取 8.0%。

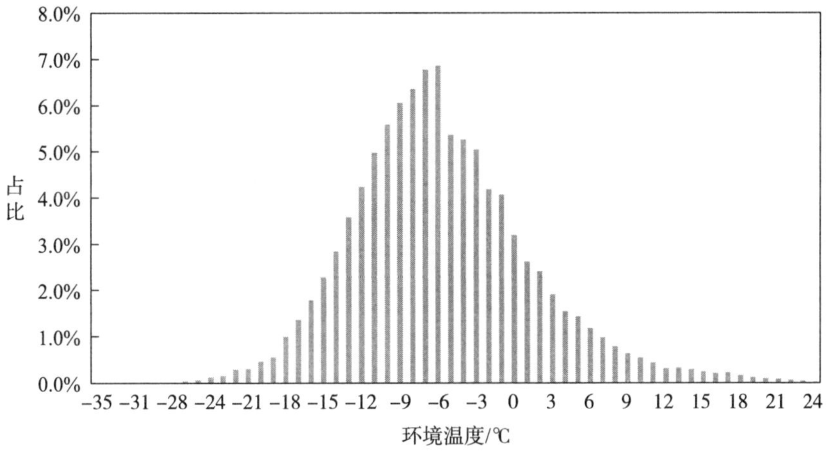

图 2.56　运行时长分布（全国）

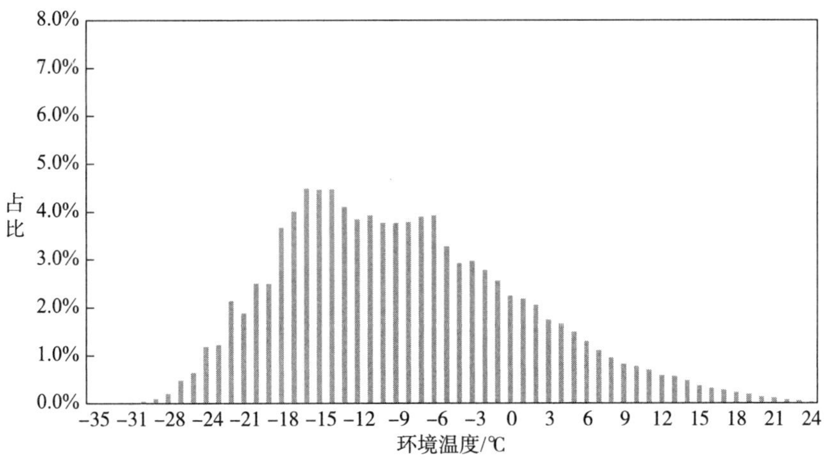

图 2.57　运行时长分布（严寒地区）

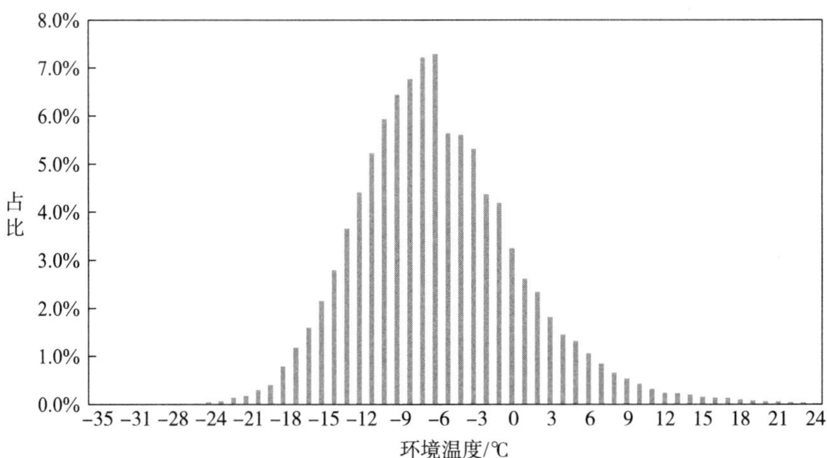

图 2.58　运行时长分布（寒冷地区）

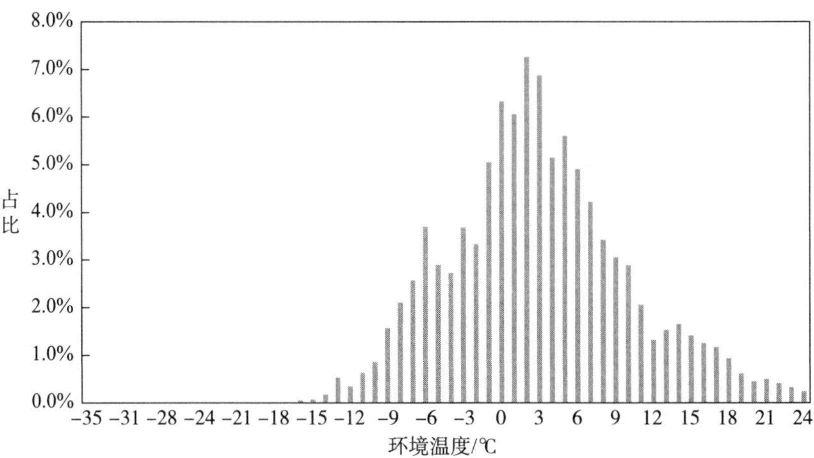

图 2.59　运行时长分布（夏热冬冷地区）

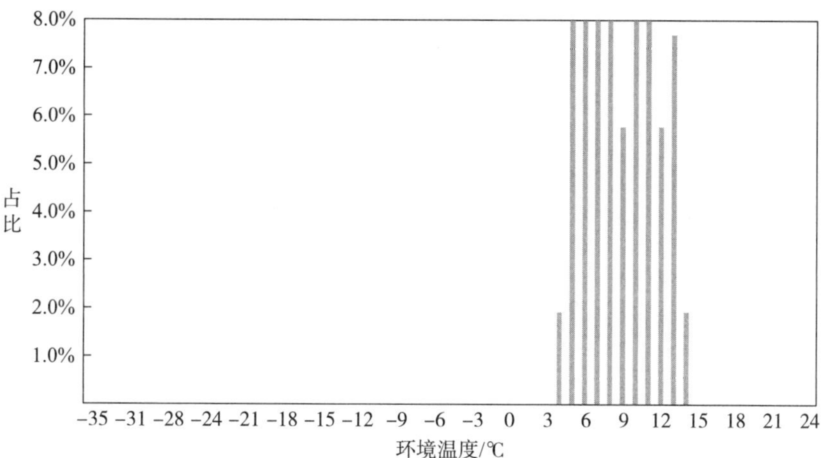

图 2.60 运行时长分布（温和地区）

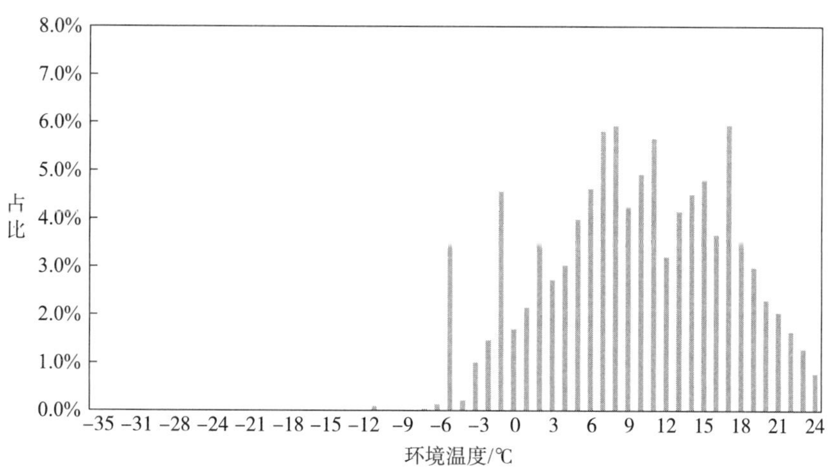

图 2.61 运行时长分布（夏热冬暖地区）

由图 2.56～图 2.61 可以得出如下结论：

1）严寒地区、寒冷地区和夏热冬冷地区 3 个气候地区的运行时长分布和全国总体分布大体一致。

2）从各个地区的分布情况分析，可以看出寒冷地区的分布和全国分布情况最为接近，此情况和安装地区的分布相符合。

3）图2.60和图2.61分布不成规律，这是由于该地区样本数量太少。

2.2.4.2 按照气候区域统计各采暖供水温度运行时长占比情况

图2.62～图2.67统计不同气候区域下各个采暖供水温度下运行时间占总运行时间的比例。在统计时为了更好地对比各个区域的分布情况，对图表的纵坐标最大值统一取8.0%。

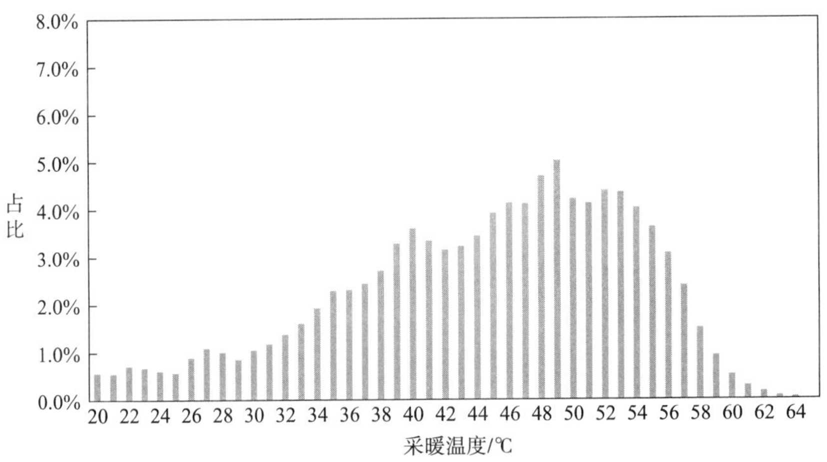

图2.62 运行时长分布（全国）

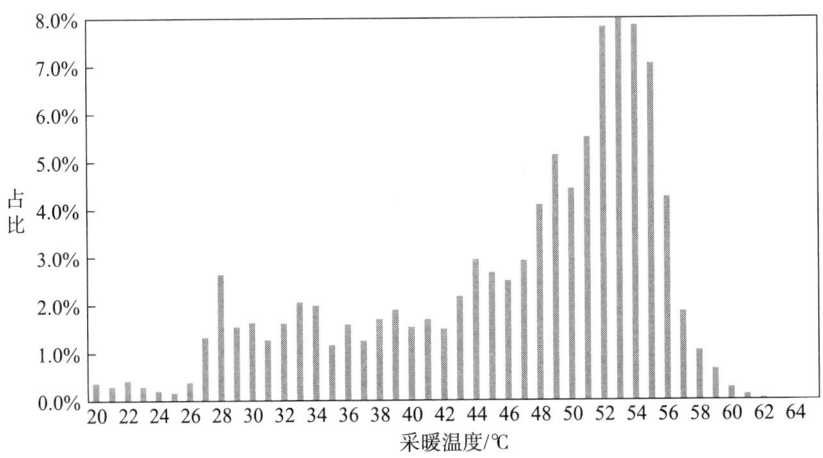

图2.63 运行时长分布（严寒地区）

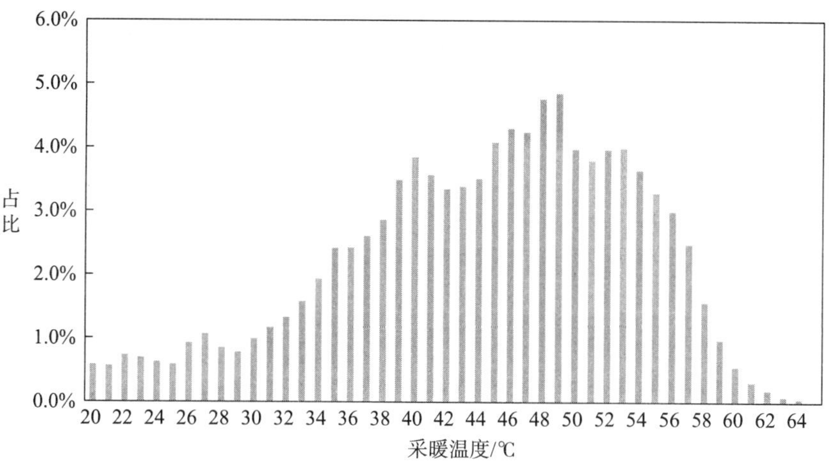

图 2.64　运行时长分布（寒冷地区）

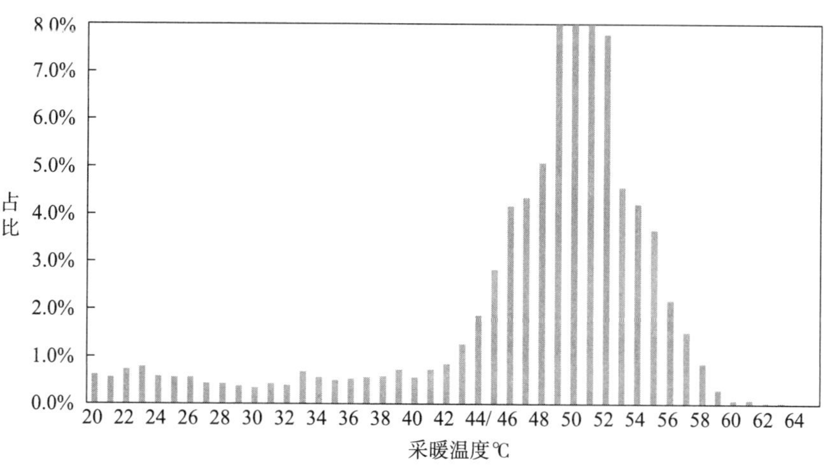

图 2.65　运行时长分布（夏热冬冷地区）

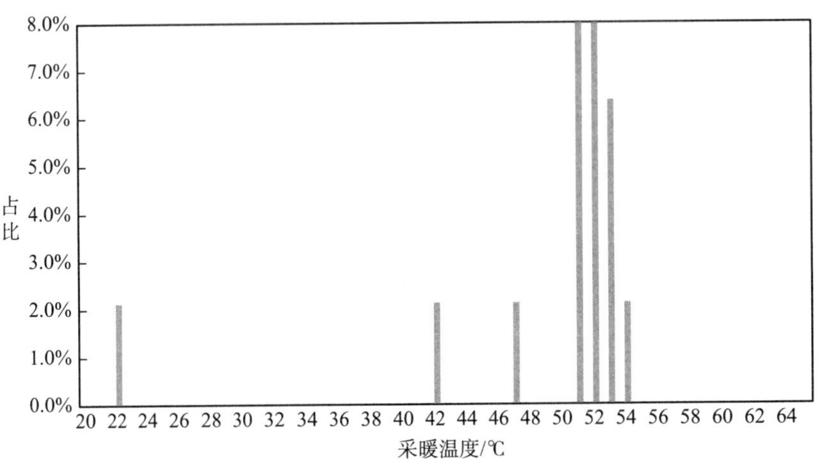

图 2.66　运行时长分布（温和地区）

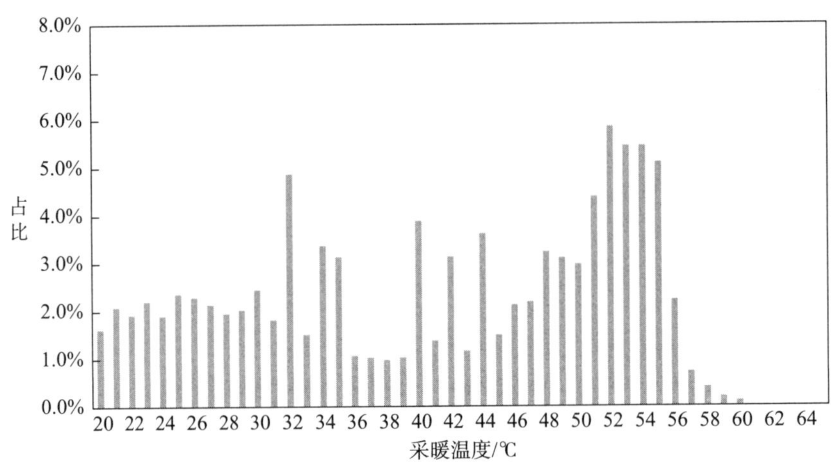

图 2.67　运行时长分布（夏热冬暖地区）

由图 2.62～图 2.67 可以得出如下结论：

1）严寒地区、寒冷地区和夏热冬冷地区 3 个气候地区的运行时长分布和全国总体分布大体一致。

2）从各个地区的分布情况分析，可以看出寒冷地区的分布和全国分布情况最为接近，同样此情况和安装地区的分布相符合。

3）图 2.66 ~ 图 2.67 分布不成规律，这是由于该地区样本数量太少。

4）严寒地区的出水温度在低水温段和高水温段占比比寒冷地区要高，这是由于在寒冷地区，有较成熟的末端形式，除了暖气片外，地板采暖也有一定的比例。

2.3 北方户式采暖场所

2.3.1 户式采暖机容量分布

户式暖冷一体机在全国和主要分布地（房山区）的安装情况如图 2.68 所示。

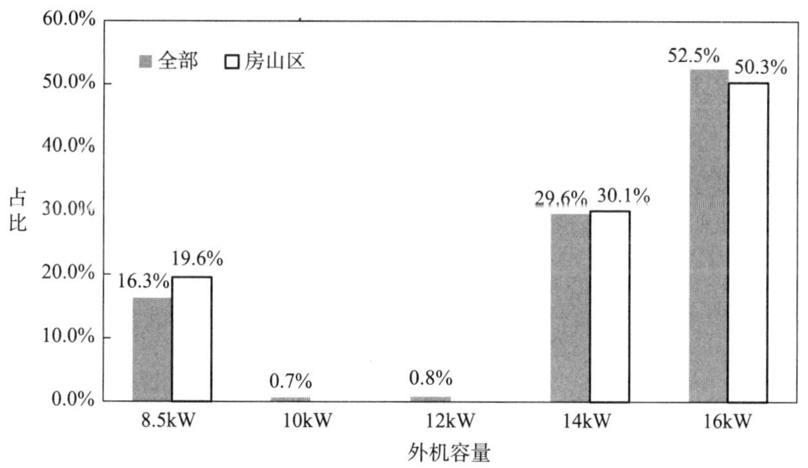

图 2.68 户式暖冷一体机不同外机容量安装占比

由图 2.68 可以看出，8 ~ 16kW 户式暖冷一体机中 16kW 的采暖机占比最多，这和中国主流户型有关，用户大多数为三室两厅（主人房 1 ~ 1.5 匹，两个客房各 1 匹，客厅 3 匹）。

2.3.2 全年按月运行时间占比

统计房山区过去一个采暖季2017年11月15日—2018年3月15日各月机组运行时间占比，详细数据如图2.69所示。

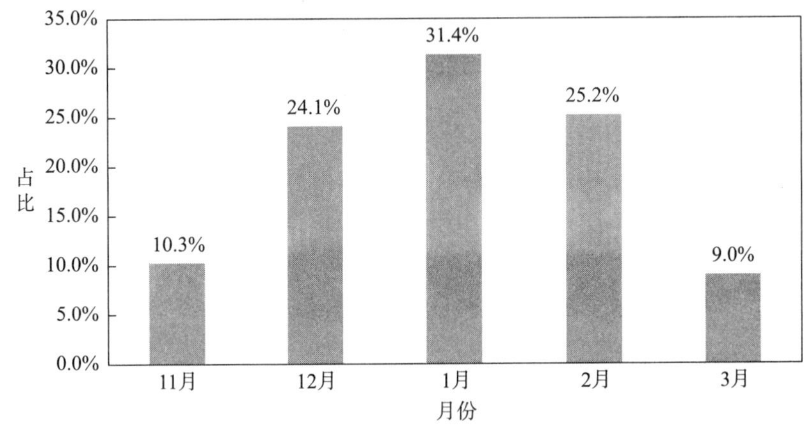

图2.69 不同月份运行时间占比

2.3.3 平均全天各时段运行时间占比

用户通常一天当中使用时间占比的行为习惯与使用场合相关，而与使用气候条件关系不大。为了保证数据的准确性，平均全天各时段运行时间占比情况采用房山区数据进行统计分析（图2.70），时间占比为对应时间段对应模式下运行的总时间除以不分时间段不分模式的总样本运行时间。

由图2.70可以看出：

用户使用习惯：夜晚（20：00—08：00）是户式暖冷一体机的主要使用时间段。因为20：00—08：00气温较低，并且有电费优惠，在此时间段内采暖需求旺盛。

约有40%的用户选择在白天（08：00—20：00）关机。

统计不同月份机组运行时段占比如图2.71～图2.75所示。在统计

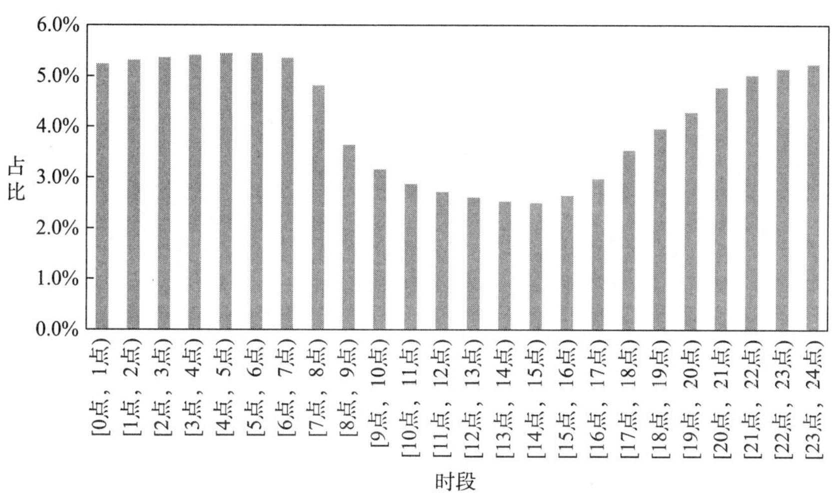

图 2.70　全天不同时段运行时间占比

时为了更好地对比各个区域的分布情况，对图表的纵坐标最大值统一取 7%。

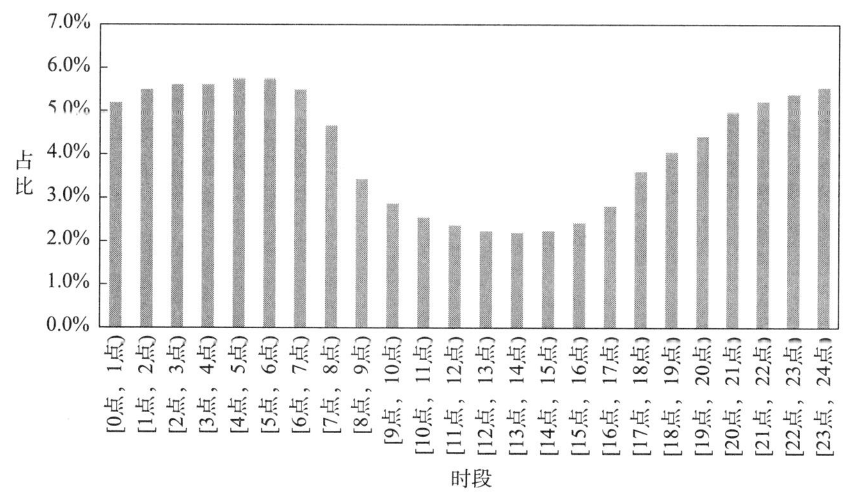

图 2.71　全天不同时段运行时间占比（11 月）

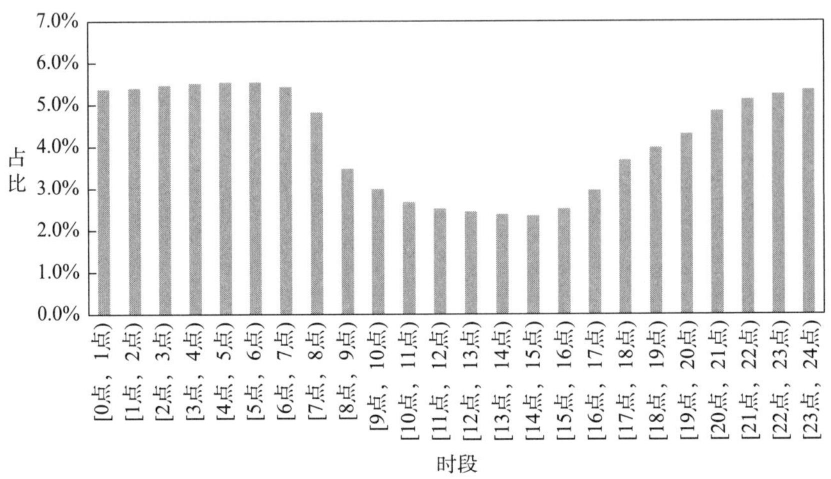

图 2.72　全天不同时段运行时间占比（12 月）

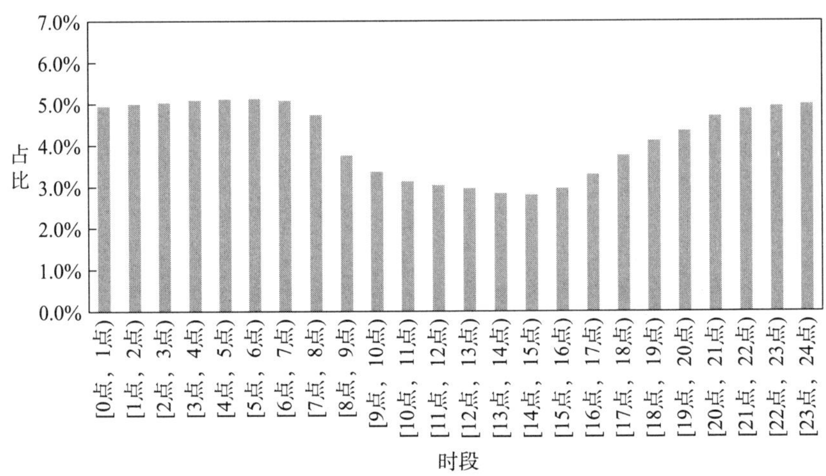

图 2.73　全天不同时段运行时间占比（1 月）

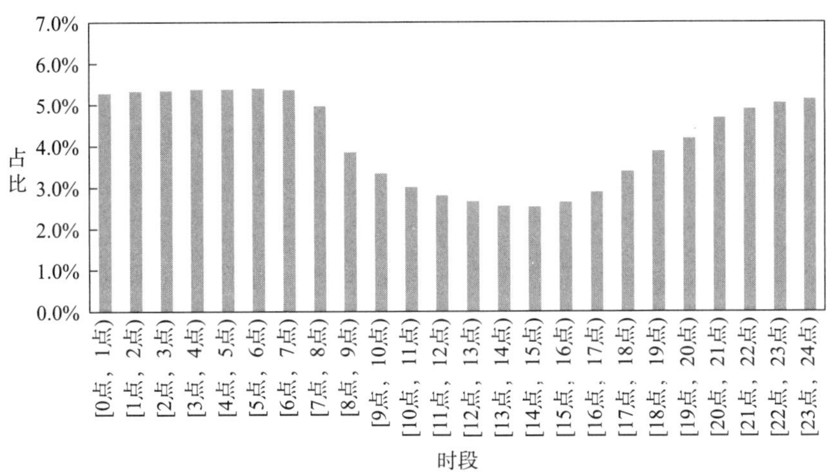

图 2.74　全天不同时段运行时间占比（2 月）

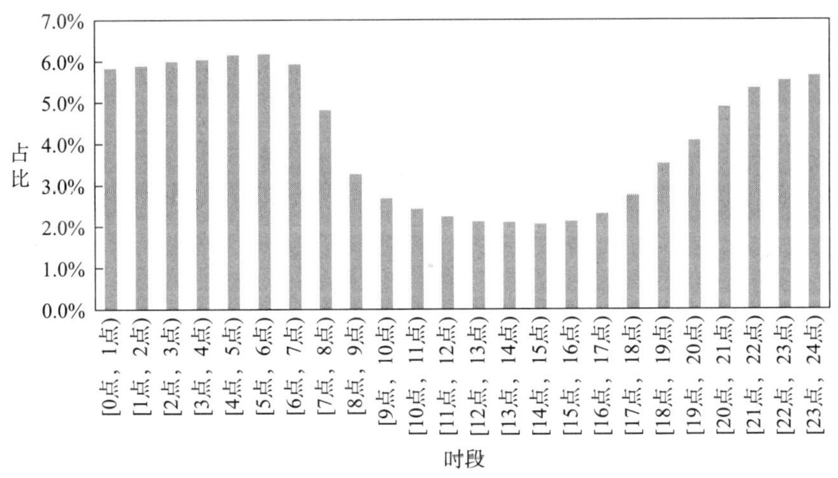

图 2.75　全天不同时段运行时间占比（3 月）

为了更好地看出白天开机时间变化，统计白天（08：00—20：00）开机时间占总运行时间在各个月的比例如图 2. 76 所示。

由图 2. 76 看出整个采暖季白天关机晚上开机的趋势。白天使用需求随温度的降低升高，1 月（最冷月）白天开机比例最高，达到了晚上开机的 2/3。11 月与 3 月环境温度较高，约 1/2 的用户白天关机、晚上开机。

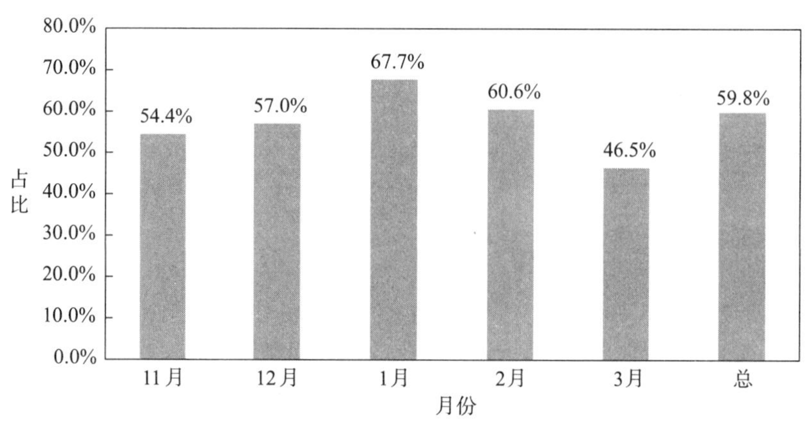

图2.76　白天开机时间占总开机时间比例

2.3.4　各负荷下运行时间占比

房山区采暖机的运行负荷进行统计，详细数据如图2.77所示。其中横坐标运行负荷为被统计机组运行频率除以该机组最大压缩机频率（额定能力频率），纵坐标为在对应的模式和运行负荷下运行的时间除以样本总运行时间。

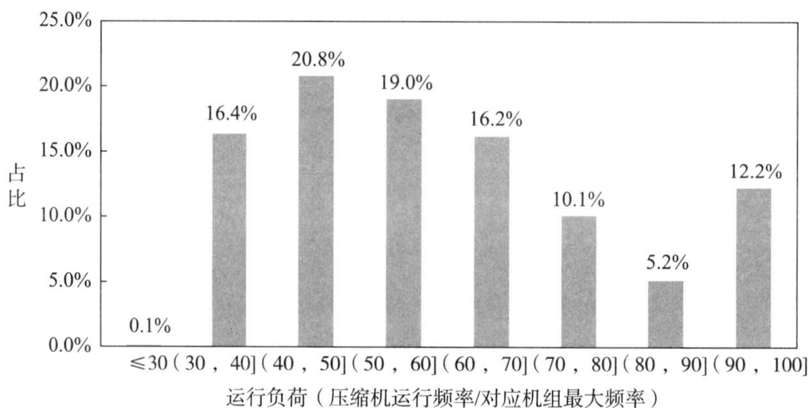

图2.77　制热运行各运行负荷下运行时间占比

采暖负荷主要集中在30%～70%，证明机组整体选型合理，大部分运行时间在中频高能效段。

2.3.5 各环境温度下运行时间占比

房山区不同室外环境温度运行时间占比如图 2.78 所示。

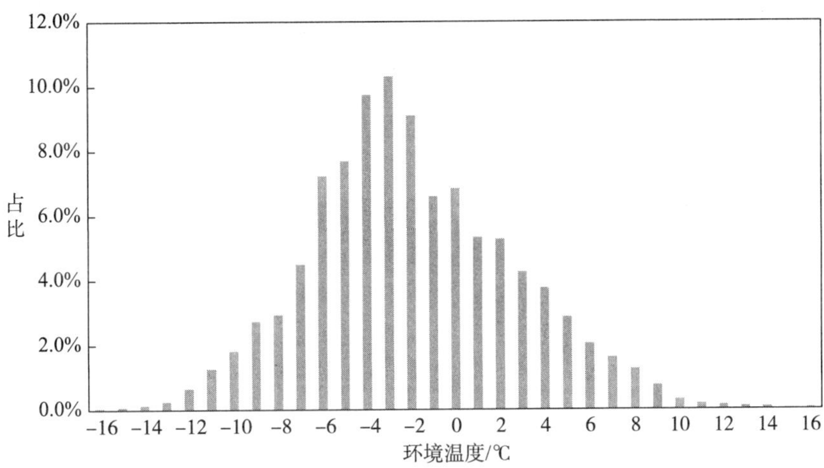

图 2.78 各环境温度下运行时间占比

可以看出，运行范围呈正态分布，主要集中在 −7 ~ 0℃，占 62%。

统计各个环境温度下开机时间占该环境温度总时间的比例如图 2.79 所示。由此可知，随着环境温度的降低，机组开机时间占比升高。

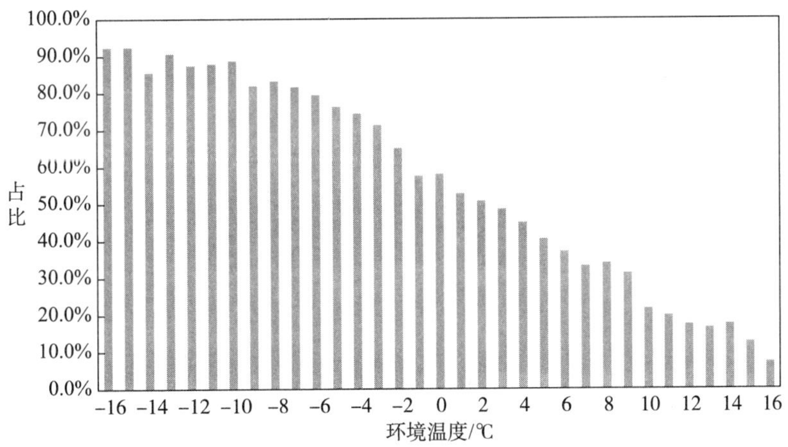

图 2.79 各环温下开机时间/该环温总时间（开机 + 关机）

2.3.6 水温情况

统计水温设定值与环境温度的关系如图2.80所示。由图可知，随着环境温度的降低用户设定水温升高，50℃以上的高水温设定值占比在20℃以下环境温度比在5~10℃环境温度增长了4倍。

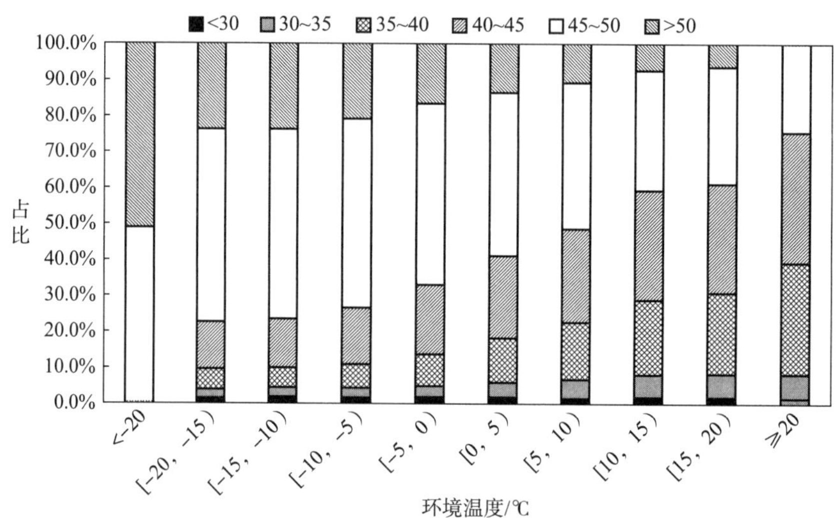

图2.80 设定水温随环境温度变化

2.4 总结

根据以上数据和分析，可以看出：

1）商用热水机场所水温主要分布在40~55℃，占比达到85.2%。

2）商用热水场所水温分布比例不会随气候区域不同而不同，是由于商用工程人为介入非常少。通过行为介入，在环境温度较高时调低水温可有效节能，还可以减小热量散失。

3）集中采暖场所安装分布主要受政策导向影响较大，集中在河北、北京供暖区域。

4）集中采暖场所水温主要分布在40～60℃区间。

5）集中采暖场所已经出现部分的低水温采暖。

6）根据日运行时长分布得出集中采暖场所大部分工程选型合理，能够满足供暖需要，但是仍旧有部分工程选型偏小造成供暖设备接近全天运行。

7）户式暖冷一体机市场主要分布在寒冷地区的郊区、农村家庭供暖使用，分布量多少主要取决于各地政府政策和企业中标情况。

8）夜晚（20：00—08：00）是户式暖冷一体机的主要使用时间段；20：00—08：00气温较低，并且有电费优惠，在此时间段内采暖需求旺盛，约有40%的用户选择在白天（08：00—20：00）关机。但这种运行方式只是省电费，并不省电，需要政府出台更合理的电费补贴政策，企业开发更节能的运行模式。

9）随着环境温度的降低用户设定水温升高，证明相同的出水温度不能满足各环境温度下用户的舒适度需求，出水温度调节的控制方式需要用户常常调整，不能直观地反映用户舒适度。

第二篇

2017年度制冷空调产品能效进展

本篇针对房间空调器（定速）、转速可控型房间空调器、单元式空气调节机、多联式空调（热泵）机组和冷水机组五种典型制冷产品，基于2017年1月1日至2017年12月31日期间国内市场中生产企业公布的产品额定能效统计数据，分析这些产品的能效状况与能效进展。

第3章　家用空调

3.1　房间空气调节器

3.1.1　能效状况

本次统计将房间空气调节器产品（转速可控型房间空调器除外）按照额定制冷量（CC）的大小分为三类，分别是：$CC \leqslant 4500$W，$4500\text{W} < CC \leqslant 7100$W，$7100\text{W} < CC \leqslant 14000$W。

1）按市场销售量统计，各能效等级产品占比情况如图3.1～图3.3所示，市场销售的定速空调主要为3级产品。

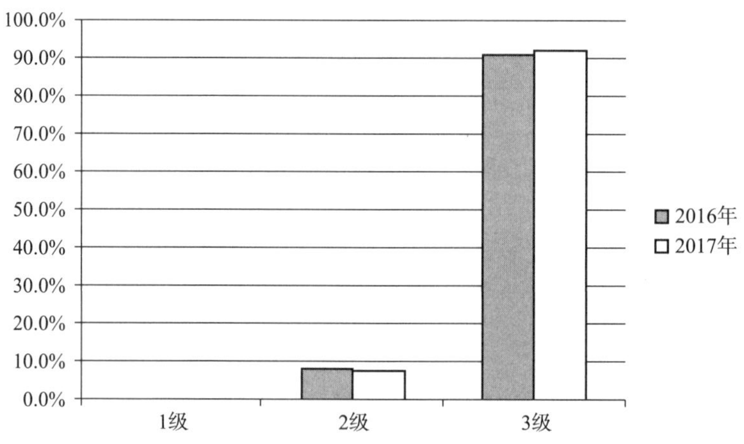

图3.1　2016年与2017年房间空调器能效等级分布（$CC \leqslant 4500$W）

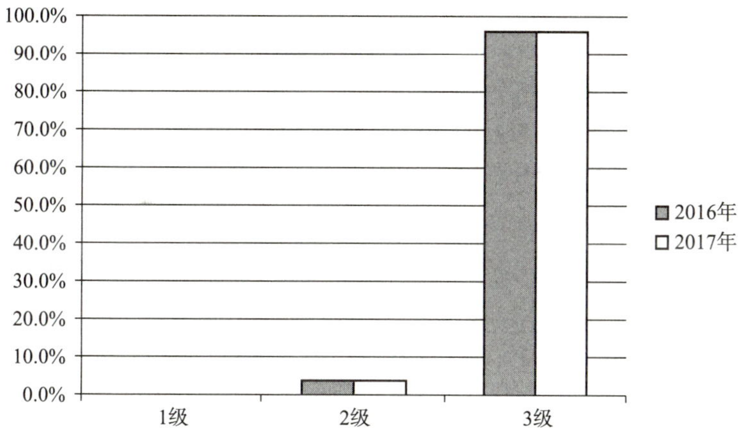

图 3.2　2016 年与 2017 年房间空调器能效等级分布（4500W < *CC*≤7100W）

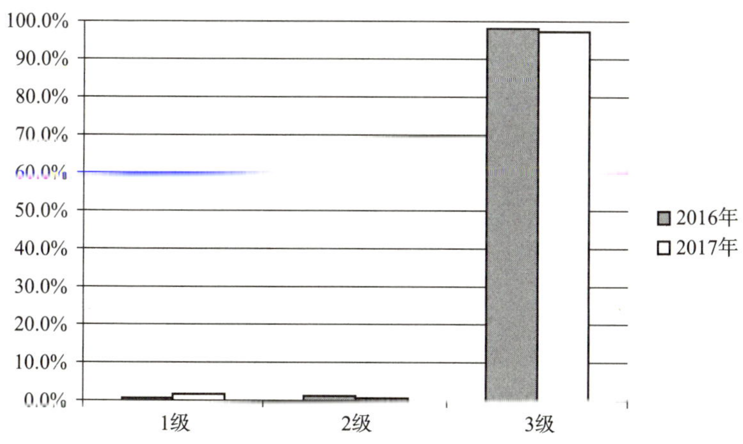

图 3.3　2016 年与 2017 年空调器能效等级分布（7100W < *CC*≤14000W）

2）按产品型号统计，各能效等级产品占比如图 3.4～图 3.6 所示，3 级能效的产品占比 70% 以上。

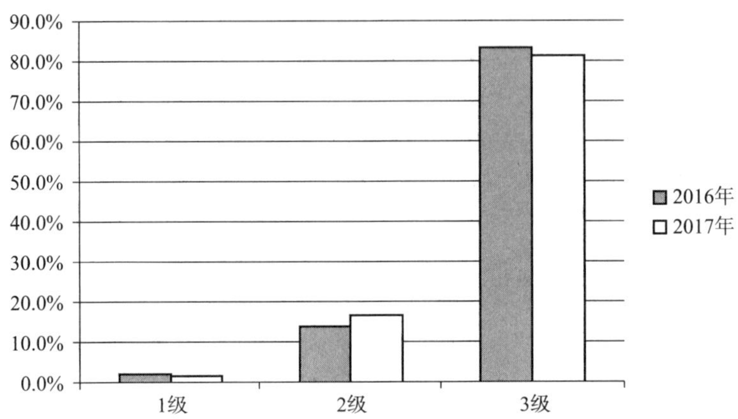

图3.4　2016年与2017年房间空调器能效等级分布（*CC*≤4500W）

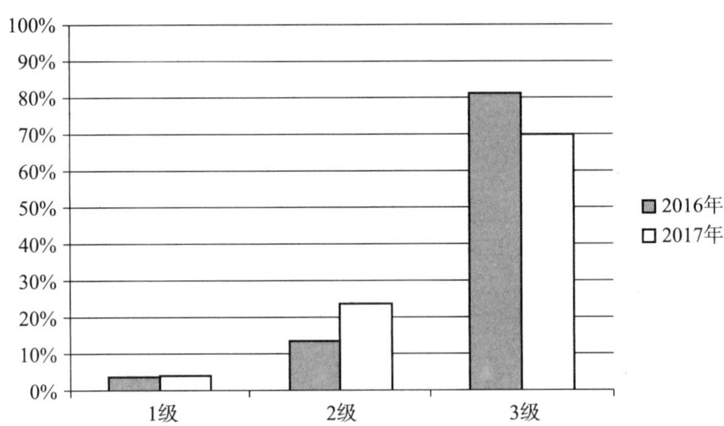

图3.5　2016年与2017年房间空调器能效等级分布（4500W＜*CC*≤7100W）

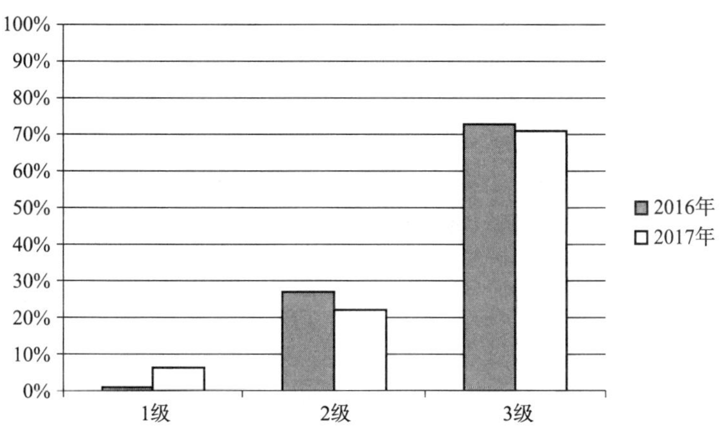

图 3.6　2016 年与 2017 年房间空调器能效等级分布（7100W < *CC*≤14000W）

3.1.2　能效水平

2016 年和 2017 年，各制冷量区间的房间空调器能效平均值、最大值和最小值如表 3.1 所示。

表 3.1　2016 年和 2017 年房间空调器市场能效平均值及最大最小值

额定制冷量（*CC*/W）			*CC*≤4500	4500 < *CC*≤7100	7100 < *CC*≤14000
能效比加权平均值 W/W	2016 年	按型号	3.24	3.14	3.09
		按销售量	3.21	3.21	3.20
		最大值	3.72	3.65	3.52
		最小值	3.2	3.1	3.00
	2017 年	按型号	3.24	3.17	3.07
		按销售量	3.22	3.11	3.01
		最大值	3.71	3.65	3.52
		最小值	3.2	3.1	3.00

2017 年，按销售量统计，*CC*≤4500 系列房间空调器产品的能效平均值为 3.22；4500 < *CC*≤7100 系列房间空调器产品的能效平均值为 3.11；

7100 < *CC*≤14000 系列房间空调器产品的能效平均值为3.01。

按型号统计，*CC*≤4500 系列房间空调器产品的能效平均值为3.24；4500 < *CC*≤7100 系列房间空调器产品的能效平均值为3.17；7100 < *CC*≤14000 系列房间空调器产品的能效平均值为3.07。

3.1.3 2013年至2017年能效水平进展

2013年至2017年的能效平均值按销售和按型号统计的情况都呈现下降趋势。按销售统计近五年能效平均值变化情况如图3.7所示，按型号统计近五年平均能效水平变化情况如图3.8所示。

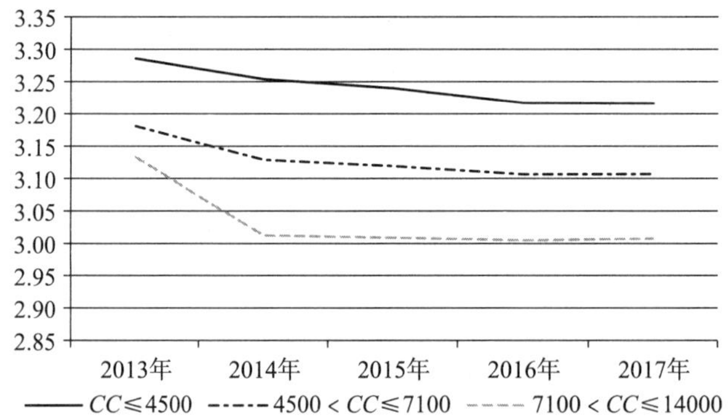

图3.7 2013年与2017年房间空调器能效平均值变化（按销售）

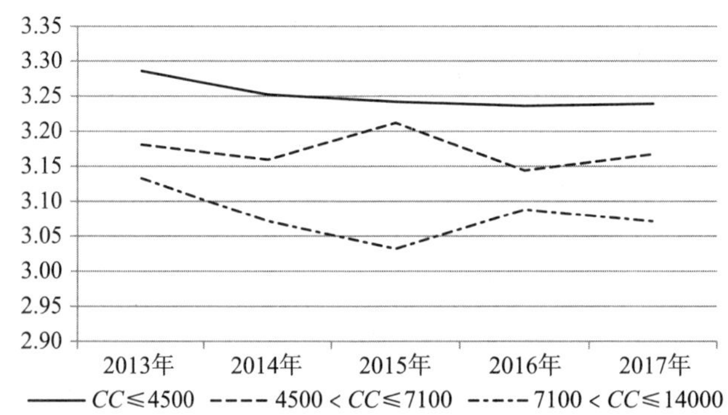

图3.8 2013年与2017年房间空调器能效平均值变化（按型号）

3.2 转速可控型房间空气调节器

3.2.1 能效状况

转速可控型房间空调器是指采用空气冷却冷凝器、全封闭转速可控型电动压缩机，制冷量在14000W及以下，气候类型为T1的房间空气调节器，其中转速控制包括采用交流变频、直流调速等其他改变压缩机转速的方式，但不考虑移动式空调器、定速式空调器、多联式空调机组。

将转速可控型房间空调器按制冷量分为三类，分别是：$CC \leqslant 4500$W系列、4500W $< CC \leqslant 7100$W系列和7100W $< CC \leqslant 14000$W系列。

1）按照销售量计，各能效等级产品占比状况分布如图3.9～图3.11所示。

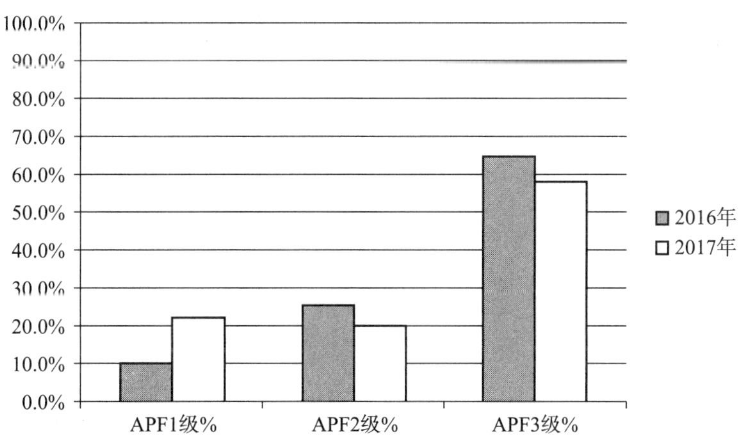

图3.9　2016年与2017年转速可控型房间空调器能效等级分布（$CC \leqslant 4500$W）

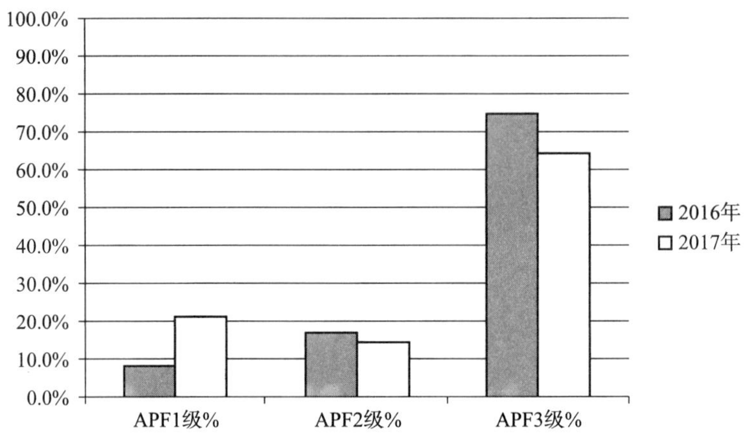

图3.10　2016年与2017年转速可控型房间空调器能效等级分布（4500W＜*CC*≤7100W）

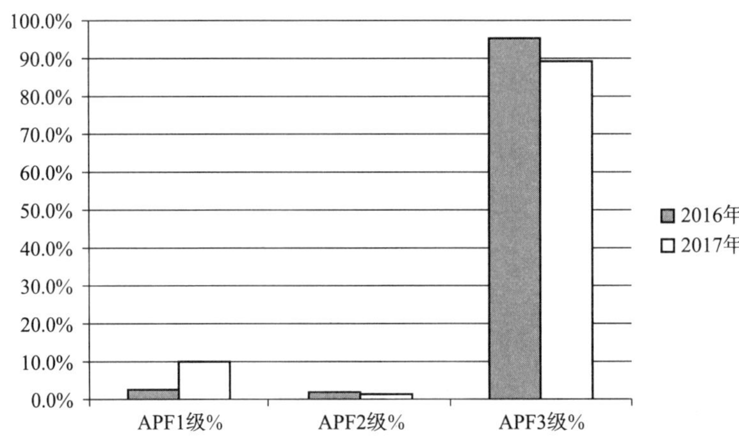

图3.11　2016年与2017年转速可控型房间空调器能效等级分布（7100W＜*CC*≤14000W）

2）按型号计，各能效等级产品占比情况分布如图3.12～图3.14所示。

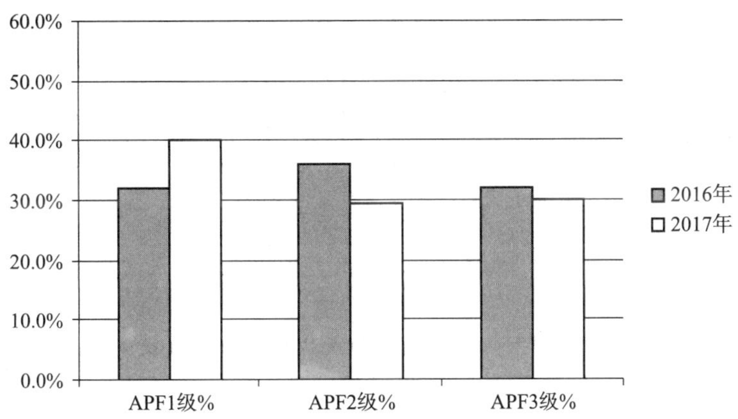

图 3.12　2016 年与 2017 年转速可控型房间空调器能效等级分布
(*CC*≤4500W)

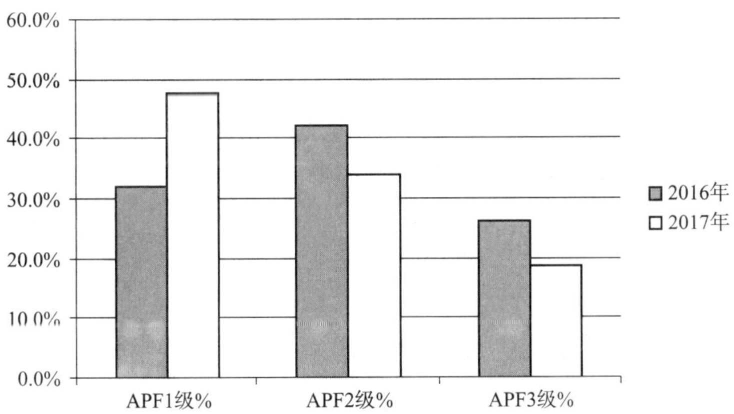

图 3.13　2016 年与 2017 年转速可控型房间空调器能效等级分布
(4500W < *CC*≤7100W)

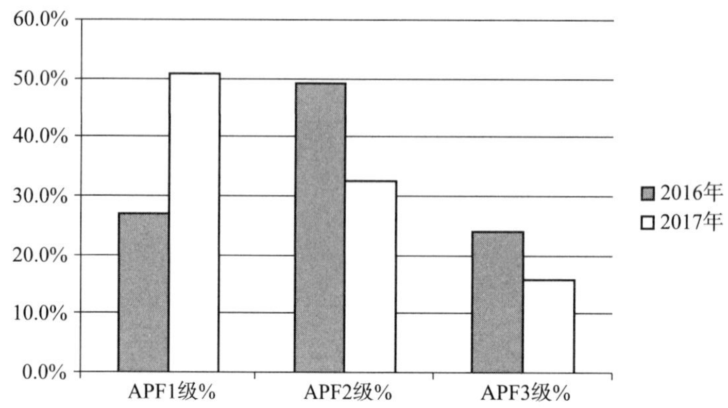

图 3.14　2016 年与 2017 年转速可控型房间空调器能效等级分布（7100W < *CC*≤14000W）

3.2.2　能效水平

2017 年，按销售量统计，*CC*≤4500W 系列转速可控型房间空调器的平均 APF 值为 4.68；4500W < *CC*≤7100W 系列转速可控型房间空调器的平均 APF 值为 4.23；7100W < *CC*≤14000W 系列转速可控型房间空调器的平均 APF 值为 3.62。

按型号统计，*CC*≤4500W 系列转速可控型房间空调器的平均 APF 值为 4.94；4500W < *CC*≤7100W 系列转速可控型房间空调器的平均 APF 值为 4.63；7100W < *CC*≤14000W 系列转速可控型房间空调器的平均 APF 值为 4.27。

2016 年和 2017 年转速可控型房间空调器市场能效平均水平如表 3.2 所示。

表 3.2　2016 年和 2017 年转速可控型房间空调器市场能效平均水平

额定制冷量（*CC*/W）			*CC*≤4500	4500 < *CC*≤7100	7100 < *CC*≤14000
全年能源消耗效率（APF）加权平均值 Wh/Wh	2016 年	按型号计	4.9	4.49	4.07
		按销售量计	4.58	4.08	3.54
		最大值	5.75	4.51	4.15
		最小值	3.53	3.33	3.13

表 3.2（续）

额定制冷量（CC/W）			CC≤4500	4500＜CC≤7100	7100＜CC≤14000
全年能源消耗效率（APF）加权平均值 Wh/Wh	2017 年	按型号计	4.94	4.63	4.27
		按销售量计	4.68	4.23	3.62
		最大值	5.75	4.90	4.15
		最小值	3.53	3.33	3.13

3.2.3 2013 年至 2017 年能效水平进展

2013 年至 2017 年，按销售量统计能效平均值变化情况如图 3.15 所示，按型号统计平均能效水平变化情况如图 3.16 所示。

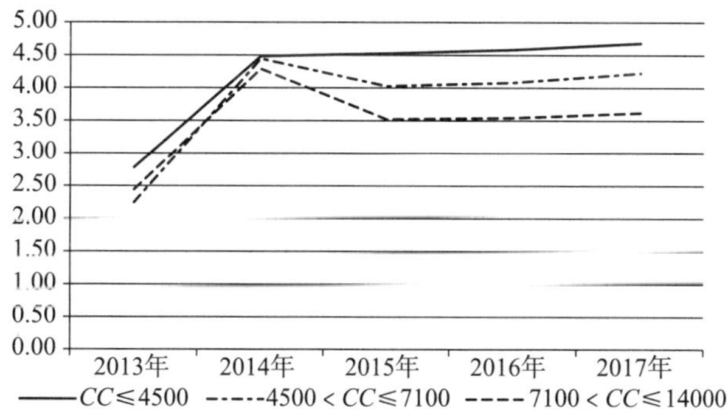

图 3.15 2013 年至 2017 年转速可控性空调器能效平均值变化（按销售）

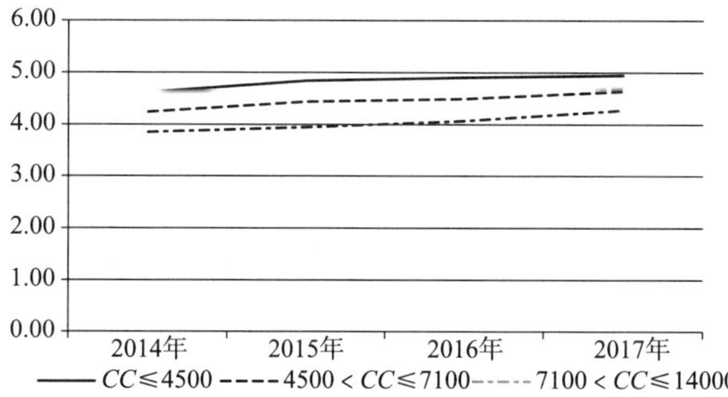

图 3.16 2014 年至 2017 年转速可控性空调器能效平均值变化（按型号）

第 4 章　工商空调

4.1　单元式空气调节机

4.1.1　能效状况

1）按销售量计，2016 年和 2017 年单元机各能效等级产品占比分布情况如图 4.1 所示。

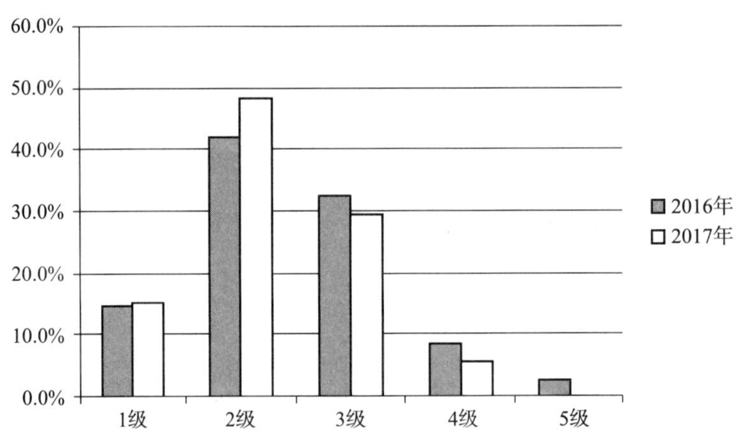

图 4.1　2016 年和 2017 年单元机整体能效等级分布（按销售统计）

2）按型号统计，2016 年和 2017 年单元机各能效等级产品占比结果如图 4.2 所示。

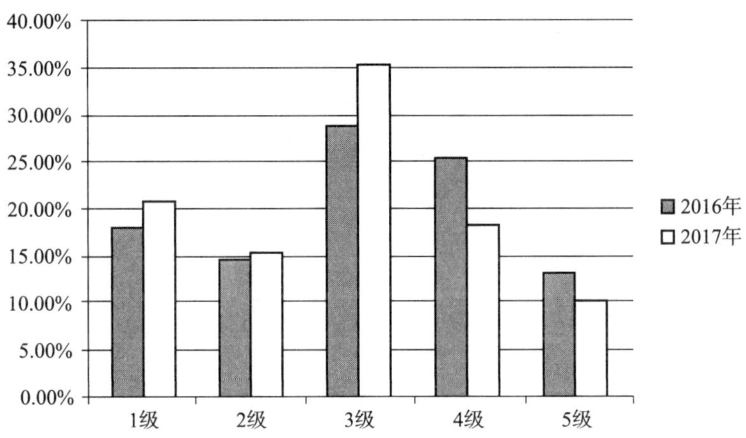

图 4.2　2016 年和 2017 年单元机整体能效等级分布情况（按型号统计）

4.1.2　能效水平

2017 年单元机各种产品的能效平均水平、能效最大值和最小值如表 4.1 所示。

表 4.1　2016 年和 2017 年单元机平均能效水平

年份/类型			单元机			
			风冷式		水冷式	
			不接风管	接风管	不接风管	接风管
能效比加权平均值 *EER*（W/W）	2016 年	按型号计	2.80	2.50	3.20	3.01
		按销售量计	2.92	2.62	3.32	3.02
		最大值	4.15			
		最小值	2.14			
	2017 年	按型号计	2.84	2.54	3.24	2.94
		按销售量计	2.94	2.64	3.34	3.04
		最大值	4.53			
		最小值	2.10			

4.1.3 2013 年至 2017 年能效水平进展

2013 年至 2017 年单元机产品的平均能效变化不大。按销售量统计的产品平均能效和按型号统计的产品平均能效分别如图 4.3 和图 4.4 所示。

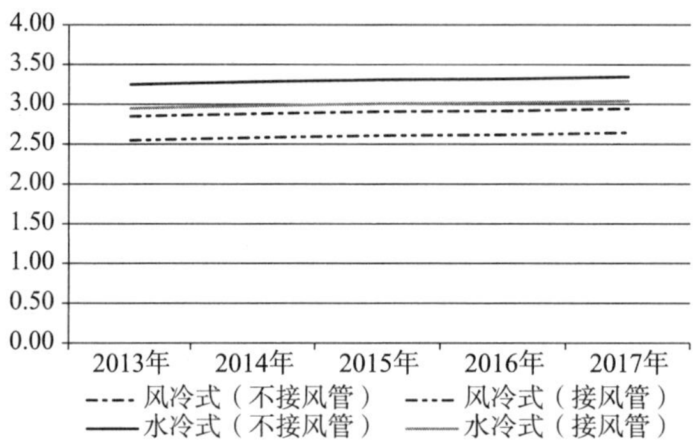

图 4.3 2013 年至 2017 年单元机能效平均值变化（按销售）

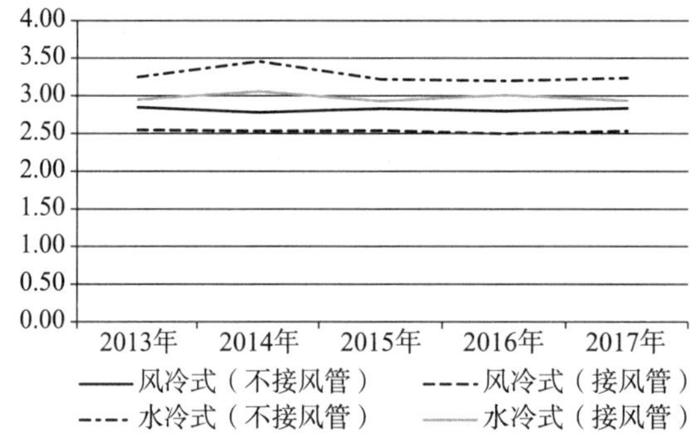

图 4.4 2013 年至 2017 年单元机能效平均值变化（按型号）

4.2 多联式空调（热泵）机组

4.2.1 能效状况

本次主要统计气候类型为 T1 的多联机，不考虑双制冷循环系统和多制冷循环系统机组。

1）按销售量统计，数码多联机和变频多联机均为节能产品，定速多联机节能产品市场份额较少，占比13.1%，如图4.5所示。变频和数码多联机情况如图4.6和图4.7所示。

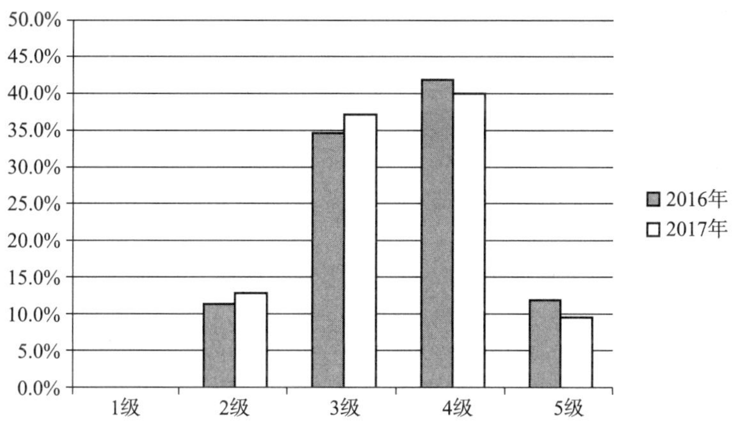

图4.5 2016年和2017年定速多联机能效等级分布（按销售量）

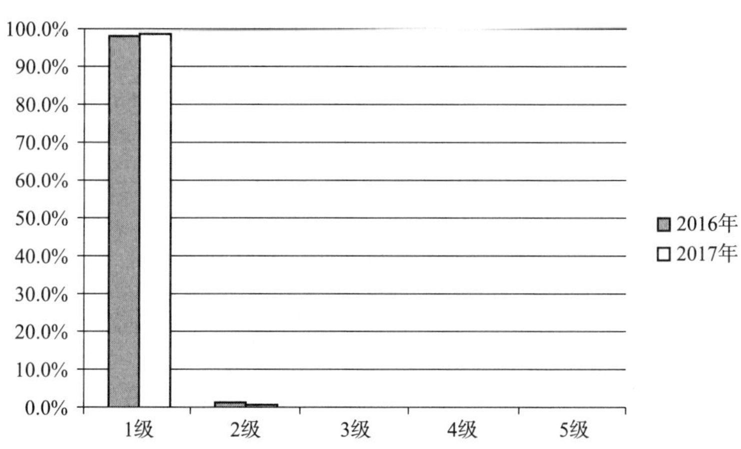

图4.6 2016年和2017年变频多联机能效等级分布（按销售量）

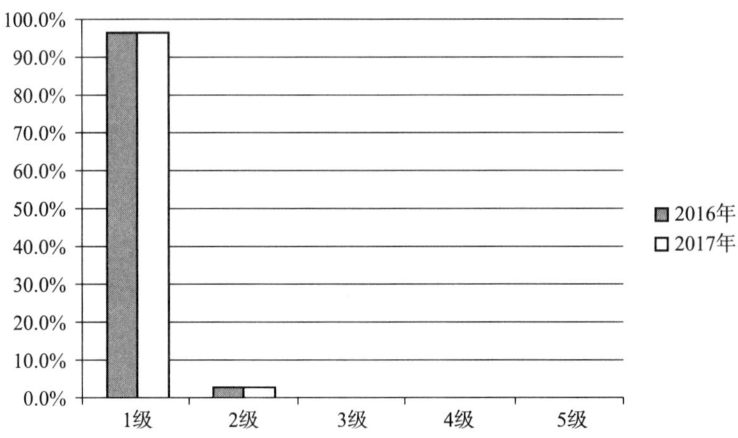

图 4.7　2016 年和 2017 年数码多联机能效等级分布（按销售量）

2）按照型号统计，2017 年期间公示的产品中能效等级 1 级产品所占比例达到 100%。

4.2.2　能效水平

1）按销售统计多联机的能效平均值如表 4.2 所示。

表 4.2　2016 年和 2017 年多联机各类型能效平均水平（按销售计）

年份/类型			变频	数码	定速
制冷综合性能系数（W/W）	按销售量计	2016 年	3.60	3.55	3.50
		2017 年	3.60	3.06	3.49

2）按产品型号统计变频多联机的能效平均值如表 4.3 所示。

表 4.3　2016 年和 2017 年多联机各型号能效平均水平

类型			$CC \leqslant 28000$	$28000 < CC \leqslant 84000$	$CC > 84000$
性能系数	2016 年	最大值	9.50	9.20	8.55
		最小值	3.95	3.56	6.00
		平均值	7.31	8.23	7.92

表 4.3（续）

类型			$CC \leqslant 28000$	$28000 < CC \leqslant 84000$	$CC > 84000$
性能系数	2017 年	最大值	9.70	9.40	8.55
		最小值	3.6	3.56	6.00
		平均值	7.17	7.18	7.04

4.2.3 2013 年至 2017 年能效水平进展

2013 年到 2017 年，多联机产品按销售量统计的产品平均能效和按型号统计的产品平均能效分别如图 4.8 和图 4.9 所示。

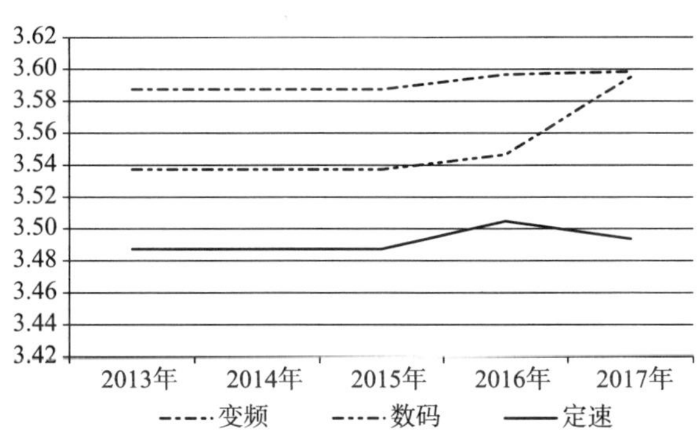

图 4.8 2013 年至 2017 年多联机能效平均值变化（按销售）

2013 年至 2017 年，按型号备案的节能产品占比变化趋势看，各类型产品变化基本一致，并且均达到 100% 节能级。

按型号统计，2013 年至 2017 年平均制冷综合性能系数变化如图 4.9 所示，总体上呈现逐年上升趋势，2016 年至 2017 年略有回落。

从 2013 年至 2017 年，$CC \leqslant 28000$W 产品平均制冷综合性能系数由 2013 年的 5.57 上升到 2017 年的 7.17，上升 28.7%；$28000\text{W} < CC \leqslant 84000$W 产品平均制冷综合性能系数由 2013 年的 5.5 上升到 2017 年的 7.18，上升 30.5%；$CC > 84000$W 产品平均制冷综合性能系数由 2013 年的 5.15 上升到 2017 年的 7.04，上升 36.7%。

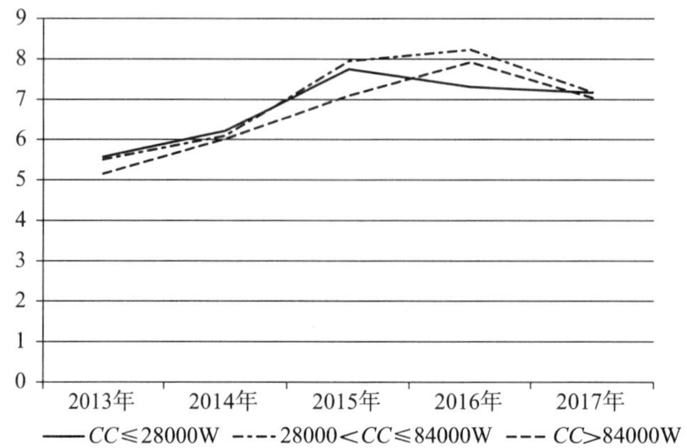

图 4.9　2013 年至 2017 年平均综合制冷性能系数（W/W）（按型号）

4.3　冷水机组

4.3.1　能效状况

1）按市场销售量统计，2016 年和 2017 年冷水机组产品各能效等级产品的占比情况如图 4.10 所示。

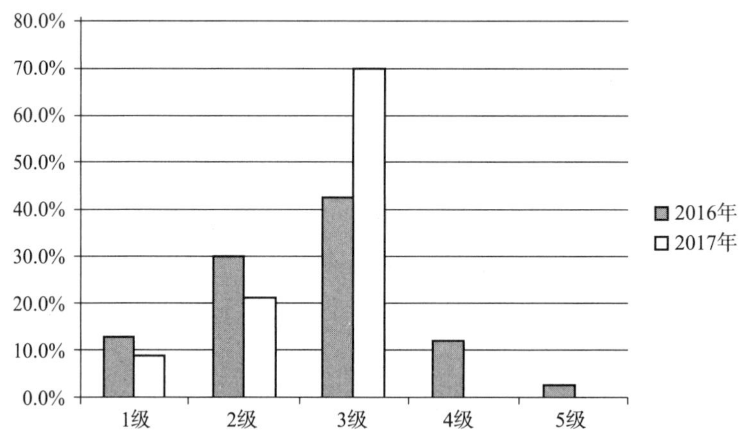

图 4.10　2016 年和 2017 年冷水机组能效等级分布（按销售统计）

2）按产品型号统计，2016 年和 2017 年冷水机组产品各能效等级占比情况如图 4.11 ~ 图 4.13 所示。

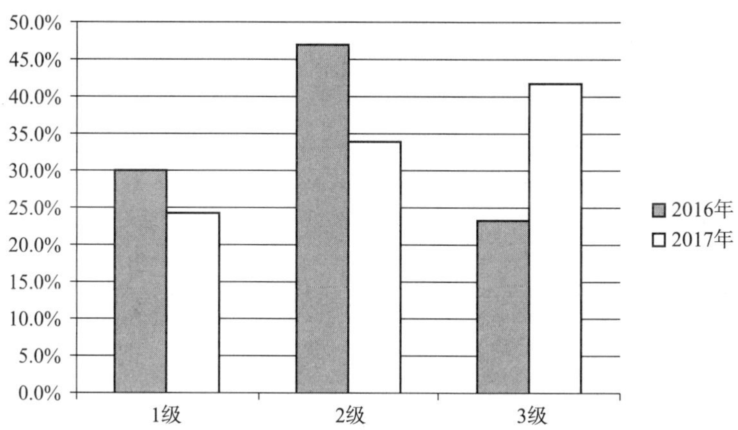

图 4.11　2016 年和 2017 年冷水机组能效等级分布

（$CC \leqslant 528$ 水冷系列）

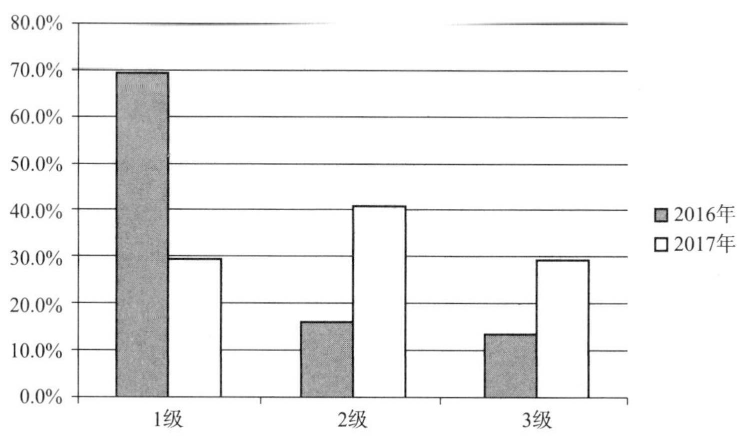

图 4.12　2016 年和 2017 年冷水机组能效等级分布

（$528 < CC \leqslant 1163$ 水冷系列）

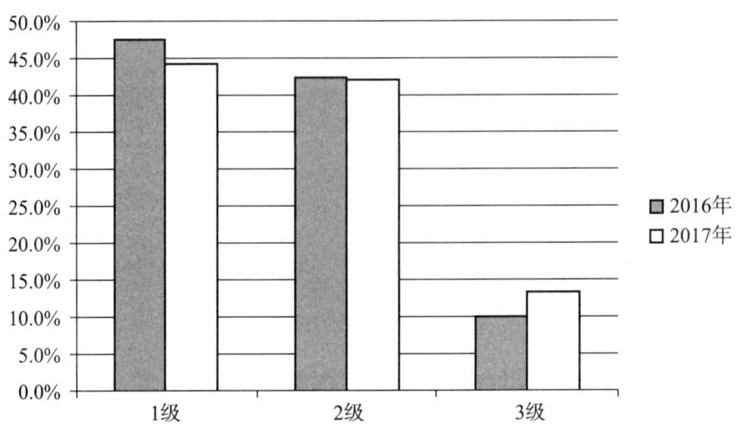

图 4.13　2016 年和 2017 年冷水机组能效等级分布

（*CC*>1163 水冷系列）

4.3.2　能效水平

2016 年和 2017 年，我国冷水机组产品的能效平均值、能效最大值和最小值如表 4.4 和表 4.5 所示。

表 4.4　2016 年与 2017 年冷水机组能效最大值和最小值（*COP*）

规格	按销售统计		按型号统计		最大值		最小值	
	2016 年	2017 年	2016 年	2017 年	2016 年	2017 年	2016 年	2017 年
CC≤50W 风冷系列	2.38	2.67	2.69	2.94	6.29	5.36	2.55	2.7
CC>50W 风冷系列	2.56	2.87	2.35	3.08	6.13	4.92	2.8	2.64
CC≤528W 水冷系列	4.11	4.56	4.75	4.91	6.34	5.52	2.74	2.71
528W<*CC*≤1163W 水冷系列	4.47	5.01	5.24	5.45	6.61	5.99	2.74	2.70
CC>1163W 水冷系列	4.78	5.42	5.61	5.94	7.17	6.10	2.81	2.93

表 4.5　2016 年与 2017 年冷水机组能效最大值和最小值（IPLV）

规格	按销售统计		按型号统计		最大值		最小值	
	2016 年	2017 年	2016 年	2017 年	2016 年	2017 年	2016 年	2017 年
$CC \leqslant 50W$ 风冷系列	2.77	3.06	3.29	3.45	6.29	6.32	2.95	3.32
$CC > 50W$ 风冷系列	2.87	3.17	3.38	3.51	9.33	5.66	3.23	2.80
$CC \leqslant 528W$ 水冷系列	4.96	5.47	5.76	5.98	9.33	6.56	3.02	2.96
$528W < CC \leqslant 1163W$ 水冷系列	4.81	5.57	6.37	5.69	9.4	7.22	3.02	3.27
$CC > 1163W$ 水冷系列	5.08	5.91	7.51	6.03	10.51	7.57	3.12	3.18

4.3.3　2013 年至 2017 年能效水平进展

2013 年到 2017 年，按销售量统计的我国冷水机组产品能效平均值变化情况如图 4.14 所示，按照型号统计的产品能效平均值变化情况如图 4.15所示。

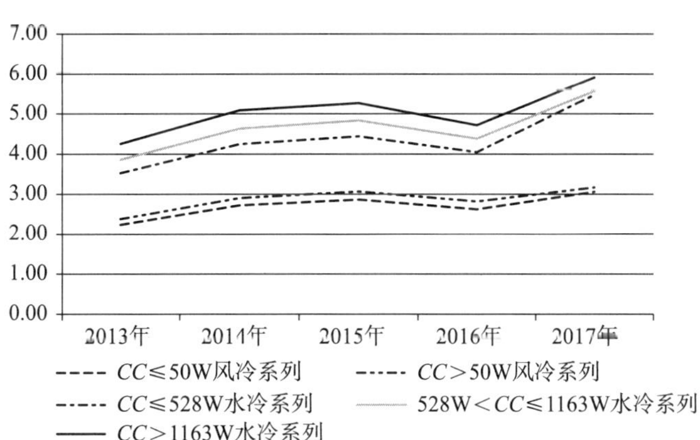

图 4.14　2013 年至 2017 年冷水机组能效平均值变化（按销售）

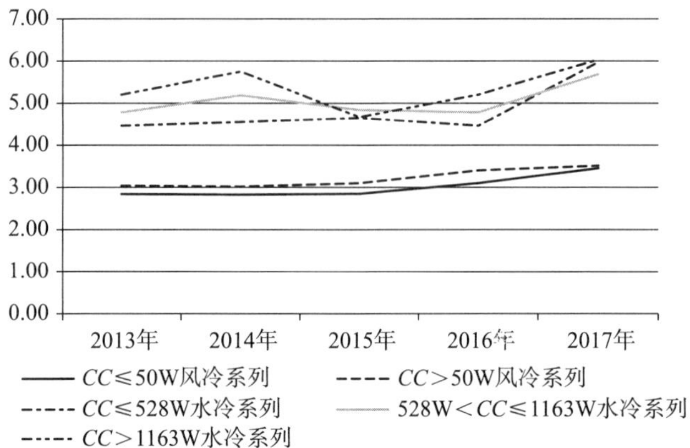

图 4.15　2013 年至 2017 年冷水机组能效平均值变化（按型号）

第三篇

新技术与新产品

近年来，随着节能环保要求的不断提高，中国制冷空调行业在技术研究与产品开发方面投入了极大的精力，新技术、新产品不断涌现，呈现出能源综合利用、功能拓展、整机与系统结合、智能化提升以及产品向节能环保领域延伸等多样化发展趋势。

为了使社会和用户了解中国制冷空调行业新动向和新技术，特征集并经专家评审，遴选了近年来行业具有显著特点和明显技术提升、面向市场新需求或行业热点问题的一些技术和产品。

需要说明的是，新产品和新技术很难有明显的界限或界定，行业中每年涌现大量的新产品，不可能面面俱到。本部分内容并不能代表行业的所有新技术和新产品。本部分内容均来自完成单位提供的信息，各种技术与产品随机排序成文。

第 5 章　节能环保新技术

5.1　整机与系统

5.1.1　光伏直驱空调技术

完成单位：珠海格力电器股份有限公司

光伏直驱变频空调技术是将光伏发电与制冷设备直流变频驱动结合起来，将光伏直流电直接接入机载换流器直流母排，利用光伏电直接驱动制冷空调设备运行的一种技术。太阳能是免费的清洁可再生能源，利用光伏直驱空调技术，当太阳能足够时，可以完全利用光伏电驱动制冷空调设备，甚至向电网反向供电。当太阳能不足时，则补充使用市电。因此，既具有显著的节能和环保效果，又可大幅度减少用户的运行费用。

该技术提出一种光伏直驱变频空调拓扑，综合三元换流技术、四象限控制技术、动态负载跟踪 MPPT 技术、双直流母线技术、PAWM 交错调制技术等光伏直驱系列技术，解决了光伏能量的多路混合及双向流动技术难题。其特点是：1）光伏直驱利用率达 99.04%、转换效率提高 6% ~8%；2）具备 5 种可实时切换工作模式，模式切换时间 <10ms；3）自发自用率高且 MPPT 跟踪效率大于 99%；4）公共电网耗电降低 30% 以上。

使用该技术的系统集合了光伏微网及暖通群控发用电一体化智能管理，通过分析太阳辐照度和光伏发电量关系以及太阳辐照度和制冷负荷的匹配关系，调度光伏发电与暖通耗电联动运行，提高系统的自发自用匹配度及光伏能直驱利用率，使得能效最优化。

利用该技术开发的光伏直驱变频离心机，在 AIR550/590 - 2003 规定的标准工况下，*COP* 达到 6.7、*IPLV* 达到 11.2；光伏直驱变频多联机 *COP* 达 3.98、*IPLV* 达 7.6。

使用光伏直驱变频多联机系统的工程案例，项目总供冷面积 2984m^2，制冷负荷约为 280kW，光伏装机容量 82.5kW。根据实际测算，年发电量 10.22 万 kWh，可节约标准煤 34.24t、减排二氧化碳 89.02t、减排二氧化硫 0.75t。

5.1.2 一种空调的自清洁技术

完成单位：海信（山东）空调有限公司

空调自清洁技术针对空调设备经过长时间运行后，不能被滤网阻挡的小颗粒灰尘聚集、附着在蒸发器翅片上，降低了蒸发器的效率、增大空调器制冷/制热能耗、严重影响室内空气环境、不利于人体健康的问题。因此，该技术兼具健康和节能的效果。

该技术提出了空调器使用后不留灰尘和细菌的理念，配合抑菌翅片共同打造一个清洁节能、环保健康的居家环境。可不受季节限制，在待机状态下，一键进入自清洁模式。

该技术适用于各种风冷蒸发器。通过迅速降低蒸发器的温度，在其翅片表面上结霜，深入渗透到灰尘和附着面之间。同时智能控制结霜厚度，保证霜层足够厚，渗透包裹足够量的灰尘杂质，使除尘更加彻底。然后利用剥离渗透的原理，当依附在翅片上的小冰晶剥离时，其膨胀力可以将灰尘和污垢有效剥离换热器表面。同时配合制热烘干，防止结霜过厚和冲刷后产生细菌。

5.1.3 热管复合空调系统

完成单位：浙江盾安人工环境股份有限公司

热管复合空调系统是针对机房空调高密度散热、局部过热、高能耗、小空间以及采用水系统时水管易冻裂等特点，基于自然冷源利用开发的一种高效冷却系统，可将自然冷源利用温度提升到15℃以上。

该技术采用前后双蒸发器，机柜排出的热风分别穿过前蒸发器和后蒸发器，被冷却到23℃左右排出到机房空间。由于前后两片蒸发器的进风温度工况不同，蒸发器内冷媒的运行温度也不同，前蒸发器运行温度高于后蒸发器。根据热管温度驱动原理，前蒸发器相对于后蒸发器可在更高的环境温度下利用自然冷源。因此，可在环境温度较高的过渡季节，把为前蒸发器提供冷源的室外主机运行热管模式，为后蒸发器提供冷源的主机运行压缩机模式，最大限度地利用自然冷源。

利用该技术的系统是一种无水进机房、无水管冻裂隐患，安全可靠的全氟循环系统。由于可在较高环境温度的情况下利用自然冷源，因此具有较好的节能效果。

经实验室测试：在压缩机制冷模式下系统能效比为4.02；自然冷源工作模式下系统能效比为10.74（室外环境温度10℃）。

5.1.4 低品位热驱动溶液除湿蒸发冷风系统

完成单位：东南大学

低位热驱动溶液除湿蒸发冷风系统是一种基于溶液除湿和蒸发冷却、利用低品位热能实现溶液再生的冷风技术，适用于具有低品位余热的工业生产建筑/车间等场合。该技术能够充分利用工业余热、废热、太阳能等低品位热能，不但能减少废热排放，还能显著降低电力消耗。使用除湿盐溶液和水作为制冷工质而不是氟利昂类物质的使用，对环境友好。

溶液除湿是以盐溶液表面水蒸气分压力与空气中水蒸气分压力之差为传质驱动力，从空气中吸收水分，达到对空气除湿的目的。本技术集成了溶液除湿和蒸发冷却技术。被处理空气先经过常温混合溶液除湿变为干燥空气，然后经过直接蒸发冷却器进行降温加湿，得到空调用冷风。吸收水分后的稀溶液则利用低品位热能进行浓缩再生，与溶液除湿过程构成溶液循环。该技术实现了除湿和降温分开处理，为热湿解耦空调模式提供了一种新的实现方法，同时也可以仅作为新风的独立处理，大大减小新风处理能耗。

该技术可达到19℃以下舒适性空调送风状态或者实现新风除湿处理至低于8g/kg，热力性能系数达0.55以上，可服务于工业建筑工位送风/新风负荷高效处理。

5.1.5 氟泵环保节能技术

完成单位：深圳市艾特网能技术有限公司

氟泵环保节能技术是一种用于数据中心空调的双动力混合驱动空调技术，包括三模块系统综合设计、智能切换模式、自然冷源节能模块设计和软件设计，实现采集环境及运行数据和告警保护。具有压缩机制冷、混合动力制冷及氟泵自然冷源三种运行模式，通过RS485通讯控制，基于室外环境温度和室内负荷需求实现不同模式之间智能切换。在环境温度足够低时采用氟泵自然冷源模式，仅利用室外自然冷源提供机房空调；在过渡季节采用混合动力制冷模式，氟泵和压缩机同时运转，利用蒸汽压缩系统和自然冷源提供机房空调，最大限度提升系统的能效；在室外温度较高时启动压缩机制冷模式，仅利用蒸汽压缩系统提供机房空调。

该技术在室外环境温度20℃时即可进入节能模式，在满足室内负荷前提下最大程度利用室外自然冷源，提升整机全年能效比。

测试结果表明，室外环境温度－10℃时能效比≥16、室外环境温度0℃时能效比≥12、室外环境温度20℃时能效比≥4，显热比≥0.9。

5.2 关键部件

5.2.1 三缸双级变容积比压缩机技术

完成单位：珠海格力电器股份有限公司

旨在淘汰燃煤锅炉、环节大气污染的“煤改电”行动面临的一个问题是采用空气源热泵时其制热量随环境温度的降低而急剧衰减，与用户处负荷岁环境温度降低而上升形成矛盾，在环境温度很低的严寒地区不能满足用户需求，限制了空气源热泵的应用范围。

三缸双级变容积比压缩机技术旨在解决空气源热泵制热能力随环境温度降低而衰减的问题。通过对运行排量和容积比的双重调节，提升压缩机对系统运行工况的适应性及系统制热量和能效，可以实现－35～54℃宽温度范围内运行。具有低温制热能力强、高温制冷速度快和能效高的特点，有效地解决了上述问题。应用该技术的热泵机组可在－35～54℃范围内可靠高效运行，且保持－25℃时制热量不衰减，而不需要电辅热。能够完全适应全国范围的气候条件，特别适合用于北方严寒地区分散型采暖。

该技术在单压缩机上首创了变容积比三缸双级滚动转子式压缩机结构形式，压缩机具有三气缸泵体结构，有效扩展双级压缩机工作容积。研究并实现了三缸双级压缩的内部流道形式，缩短气缸排气路径，提高了压缩机性能。提出了双级压缩级间压力脉动抑制技术，减少了低压级气缸排气和高压级气缸吸气的功耗损失。同时，创新性地提出了一种新型的压缩机卸载变容切换机构及控制方法，可以实现压缩机小容积比的三缸双级模式和大容积比的双缸双级模式，根据热泵空调的运行要求，选择不同的工作模式，实现系统综合能效最优。

5.2.2 大小容积切换压缩机技术

完成单位：珠海格力电器股份有限公司

单开一台室内机运行是家用多联机使用最多的状态。大量数据统计结果表明，家用多联机有近60%的时间在30%以下的低负荷运行，特别是在负荷率低于20%时，运行时间占比超过40%。这种低负荷运行时，由于用户负荷小于多联机的最小制冷能力导致频繁地启停机，长时间低负荷下的低能效运行将大幅度增加家用多联机实际使用的能耗。

适用于家用多联机的大小容积切换压缩机技术在压缩机中配置了两个

容积不等的气缸：连续工作的小容积气缸和可卸载的大容积气缸，使得家用多联机用压缩机首次实现工作容积和系统负荷的最优匹配。即双缸大容积运行模式满足中、高负荷需求，单缸小容积运行模式满足低负荷需求。通过独特的变容控制机构使压缩机具有两种运行模式。双缸运行模式：大、小容积两个气缸同时运行，满足中、高负荷需求；单缸运行模式：仅小容积气缸运行，大容积气缸卸载，压缩机同频率下制冷量和功率减小50%以上，尤其是当多联机处于10%以下低负荷运行时，能够避免压缩机的频繁启停机。

该技术解决了家用多联机用压缩机在低负荷下最小制冷量输出过大和能效低的问题，是一种有效的节能技术。

5.2.3　旋转式空调压缩机独立压缩技术

完成单位：广东美芝制冷设备有限公司

旋转式空调压缩机独立压缩技术针对空调器在大室内外温差情况下的节能问题。此时冷凝压力与蒸发压力压差也大，压缩机压力比增大，节流后的制冷剂为两相混合物，在气体量较多（干度较大）时气相成分占据了较大的蒸发器换热面积，蒸发效果不理想，系统能效急剧下降。

该技术基于高能效、高可靠性的双缸压缩机结构提出了一种独立压缩技术。通过设计最佳的主副缸工作容积比及副缸结构，在旋转式压缩机结构上实现独立压缩功能，从而节省压缩功耗，提高空调器能效，实现节能的目的。

该技术采用旋转式双缸压缩机结构，设置不同大小的主副缸进行独立压缩，副缸吸气来源为系统闪蒸器中分离出的气体，副缸对该部分气体进行单独压缩。而主缸对吸入蒸发器后的低温低压气体进行压缩。独立压缩技术循环采用二级节流装置，二级节流装置的闪蒸器中的饱和蒸汽被压缩机的副缸直接吸走压缩。系统中气液混合制冷剂在气液分离器中进行分离，分离后分成两路：一路是中压液体进入二级节流，节流后的混合制冷剂进入换热器，再回到压缩机的主缸被压缩成排气状态；另一路是分离出来的中压饱和气体进入到独立压缩腔被压缩至排气状态。主缸和独立压缩腔的压缩过程是相互独立的，分别压缩的气体排出到压缩机壳体内部混合后共同进入到系统换热器。由于在合适的压力点把饱和蒸汽吸走进行单独压缩，可改善压缩机的功耗以及提高换热效率，使得压缩机与系统能效大幅度提升。采用该技术还可以降低排气温度，保证压缩机的可靠性。

5.2.4 微通道金属圆管换热技术

完成单位：浙江金丝通科技股份有限公司

大量研究结果表明，存在气液相变时3mm以下通道的尺寸效应不可忽略。如：1）单相对流换热的稀薄效应、边壁效应、可压缩性影响、轴向导热影响等；2）沸腾与凝结过程的气液相界面剪切力、重力、表面张力作用的相对重要性变化，引起凝结与沸腾核化机理、气液两相流型的变化，流动阻力与换热系数均不同于常规尺度；3）微对流效应（表面张力梯度导致的热毛细对流）等。微细通道换热器在制冷空调产品中的应用可望取得显著的节能效果且可显著减少制冷剂充注量。

制冷空调行业常见的微细通道换热器一般为使用多通道（截面当量尺寸1mm左右）扁管作为换热管，在两个集管之间平行排列多个扁管，扁管之间焊有波浪形翅片。

微通道金属圆管换热技术采用内径为0.5mm左右的不锈钢或者铜管作为换热管，在两个集管之间焊接微通道金属圆管束而形成换热器。不仅利用流体的微尺度效应强化传热，而且在有限空间中安置百千根微通道圆管，提高了管内和管外对流换热面积。圆管数量的增加也可减小管内压降，圆管的合理布置可减小管外风阻，具有高效、紧凑、高热流密度、低充注量的特点，是一种微细通道换热器结构的有益尝试。

第 6 章　节能环保新产品

6.1　整机与系统

6.1.1　低温空气源热泵采暖器

完成单位：珠海格力电器股份有限公司

低温空气源热泵采暖器采用双级变频喷气增焓压缩机和 R32 制冷剂，超低温下仍然制热强劲，用于替代燃煤、燃气等采暖方式，从根本上解决雾霾问题。

产品采用一拖一形式，室内机上、下出风、落地安装，便于实现用户“部分时间、部分空间”的按需供热需求。两次压缩可减小每一级的压力比，减少压缩腔内部泄漏、提高容积效率；通过中间闪发补气，降低排气温度，并使高压级冷媒循环量增加，提高了系统制热量。变频控制可根据用户处负荷调节压缩机转速，且在环境温度较低、用户负荷较高时以高速运行，提升制热量、实现 -20℃ 制热量不衰减，有效解决空气源热泵制热量随环境温度下降而衰减、不能满足用户供暖需求的问题。

技术指标：

额定制热量（-12℃）：4kW

低温制热量（-20℃）：4kW（-20℃ 制热量不衰减）

额定高温制热能效系数 *COP*（7℃）：3.6W/W

额定制热能效系数 *COP*（-12℃）：2.2W/W

低温制热能效系数 *COP*（-20℃）：2.0W/W

a）室内机

b）室外机

图 6.1 低温空气源热泵采暖器

6.1.2 MDVS 智能化全变频低温强热多联机

完成单位：广东美的暖通设备有限公司

MDVS 智能化全变频低温强热多联机采用高效准二级压缩、中间喷射量控制、非同径化分流毛细管设计、压缩机自适应启动力矩选择等技术，通过各传感器对系统冷媒状态的检测，计算出系统运行最佳中间压力，并拟合阀体 C_v 曲线，智能自适应地调节二级节流电子膨胀阀的开度，获得最佳中间喷气压力，增强补气效果，提升机组能效。同时采用高效低温强热控制技术、快速化霜技术，低温制热能力提升 30% 以上。

图 6.2 MDVS 智能化全变频低温强热多联机

技术特性：

最多 4 台并联，最大 360kW；

单模块最大 32 匹，90kW；

最高 *APF* 为 5.3，*IPLV* 最高 9.6；

最长总配管 1000m，最远配管等效长度 220m，最大落差 110m；

机组运行范围：-25 ~ 55℃；

6.1.3 蒸汽轮机驱动单级离心式高温热泵机组

完成单位：约克（无锡）空调冷冻设备有限公司

YDST 蒸汽轮机驱动单级离心式高温热泵机组用于余热回收、集中供热等场所。

产品采用了双伸轴背压汽轮机同时驱动两台离心压缩机，利用热电循环冷却塔中的低温热量并将其转化为供热量，一次能源使用率远高于传统锅炉供热。在相同能源消耗量的情况下，可显著提升系统的供热能力，使区域供热能得到显著提升，并且机组的热水出水温度可以达到 80℃，充分满足市场上对舒适采暖、供热和工业供热、工业余热回收等应用，实现节能及减排的目的。

图 6.3 YDST 蒸汽轮机驱动单级离心式高温热泵机组

技术特性：

机组热水出水温度最高 80℃，机组配套的汽轮机乏汽可以进一步加热机组 80℃出水，将其加热到 90 ~ 110℃。

6.1.4 二氧化碳热泵热水机

完成单位：江苏白雪电器股份有限公司、江苏雪龙新能源科技有限公司

二氧化碳热泵热水机适用于生活用水、工业用热水以及烘干等领域，且适应较低的环境温度和较高的出水温度，在一次加热水的情况下（如卫浴热水）具有独有的节能优势。

二氧化碳空气源热泵是以 CO_2 作为冷媒，基于超临界循环原理建立起来的一种节能、环保热水制备设备。其原理是低温低压的 CO_2 工质经压缩机压缩变成高温高压的气体，然后进入气体冷却器与水进行换热，水吸收工质的热量变成热水提供给用户。高温高压 CO_2 工质被冷却之后进入回热器，与蒸发器出口的低温低压的 CO_2 换热，高温高压 CO_2 工质继续被降温，而低温低压的 CO_2 工质实现过热。降温后的高压 CO_2 工质经过电子膨胀阀节流降压变成低温低压的两相 CO_2 工质，进入蒸发器与空气进行换热，吸热后变成气相进入回热器与高温高压 CO_2 工质换热形成过热，在进入压缩机进行压缩，形成一个循环。

图 6.4 二氧化碳热泵热水机

该产品在低温时仍具有较高的能效，-20℃时能效超过 2.3，-35℃

时设备仍可以工作。同时供暖出水温度较高，可以达到 70～90℃。

6.1.5 无线更新多联机

完成单位：青岛海尔空调电子有限公司

无线更新多联机适用于原采用多联机系统因系统故障或系统老化的场合进行更新的场合，可最大限度地保留原冷媒管路，同时利用无线通讯解决通讯老化、连接方式变更等问题，不破坏室内吊顶与装修，在不影响业主室内使用的情况下完成空调的更新。

产品解决了早期多联机老化、更新换代难的问题。产品通过压缩机转速和室内外机电子膨胀阀的最优化联动控制技术，满足更宽规格的旧配管规格范围，实现机组的高效回油；采用精密的双压力传感器实时监测系统运行压力，通过压缩机转速、风机及电子膨胀阀的精确控制，使系统始终处于最优的安全运行压力下；可采用专用的更新模块组，对旧配管进行自动的智能化清洗；通过无线通讯技术，可避免不符更新机要求的通讯线重新布线，降低施工难度。

产品冷量从 8.0～50.4kW，匹数从 3 匹到 18 匹，最大组合 54 匹，采用全变频压缩机及直流电动机，产品综合能效远超国家 1 级能效标准；顶出风产品采用恒风量电动机，实现静压 0～110Pa 自由调节，同时整机采用压力调节技术，使得系统压力降低，可沿用原 R22 冷媒系统管路。

图 6.5　无线更新多联机

6.1.6 旋转式送风智能房间空调器

完成单位：海信（山东）空调有限公司

旋转式送风智能房间空调器实现了房间空调器的“温湿度独立控制”，夏季制冷的过程中维持房间内最佳湿度，空气凉爽而不干燥。冬季取暖时可伴随加湿功能。同时采用360°全角度送风技术，提高房间内气流分布的均匀度和空调使用的舒适性。内置摄像头捕捉用户影像，从而实现人机交互。当选择“风吹人”模式时，空调可以直接面对用户进行送风，多人状态时，则进行扫略送风，配合快速冷热技术可以实现短时间内房间温度的改变。当选择“风避人”模式时，空调吹风自动避开用户，防止直吹造成的人体不适。

图6.6 旋转式送风智能房间空调器

6.1.7 单一 CO_2 自动化立体冷库

完成单位：北京市京科伦冷冻设备有限公司

单一 CO_2 自动化立体冷库采用直膨式 CO_2 地源热泵技术中的制冷功能来给冷库提供冷量，利用地下浅层土壤恒温层温度低于 CO_2 临界温度的特点，将热量通过地埋管排放给周围土壤或地下水，改善 CO_2 制冷剂的冷凝效果。库内末端采用翅片管形式的蒸发器，分组并均匀地布置在整个冷库最上层空间内，整个制冷系统除压缩机耗电外，无其他能耗部件（泵、风机），此时压缩机的能效即为制冷系统的能效。

经合肥通用机械研究所检测，-18℃的低温库每年每立方米耗电量为6.2kWh，与全国现有冷藏库先进水平（每年每立方米耗电量76kWh）相比节能92%，与世界现有冷藏库先进水平（每年每立方米耗电量16kWh）相比节能61%。

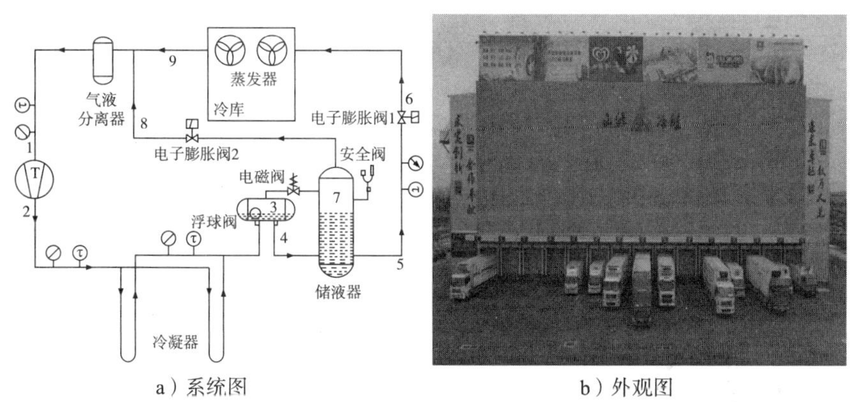

a）系统图　　b）外观图

图6.7　单一 CO_2 自动化立体冷库

6.1.8　高效变频直驱降膜离心机组

完成单位：重庆美的通用制冷设备有限公司

高效变频直驱降膜离心机组采用全降膜蒸发器，压缩机叶轮采用高速直驱技术，且电机功率密度高、体积小，仅为交流变频电机的20%。突破离心机小冷量段250～1300RT，并达双一级能效。结构紧凑噪音低。

以 CCWE350EV 高效变频直驱降膜离心机组为例，制冷 *COP* 为6.52、制冷 *IPLV* 为8.71。

6.2 关键部件

6.2.1 热泵用单机双级螺杆式压缩机

完成单位：上海汉钟精机股份有限公司

单机双级螺杆式压缩机适用于最低环境温度 -40℃的空气源热泵领域和最高出水温度90℃的水地源热泵领域，如工业加热、集中供暖、农业烘干等。

单机双级螺杆式压缩机是通过一台电机同时驱动高低压级两对转子，在单台压缩机上实现双级压缩。电动机置于两级转子之间。来自蒸发器的制冷剂经一级压缩后与来自经济器或过冷器的低温制冷剂气体混合后再进入二级转子进行第二次压缩。因此，使用这种压缩机的低温空气源热泵也采用喷气增焓制冷循环，但由于补气是在第二级压缩的吸气过程，因而具有更大的补气灵活性和制热性能强化效果，可以适应更低的环境温度和更高的出水温度。

图6.8　单机双级螺杆式压缩机

6.2.2 R290工质高效节能制冷压缩机

完成单位：黄石东贝电器股份有限公司

R290工质高效节能制冷压缩机适用于大规格冰箱、冷柜等。

产品采用R290制冷剂，相比R134a单位容积制冷剂可提升50%，同样制冷量情况下，压缩机质量可减轻20%，从而实现原材料节能。采用R290工质相比于R134a工质，压缩机的性能*COP*有所提升。

在高背压工况下，制冷量为1000W、*COP*为2.5W/W。

6.2.3　H型无壳体一体化机架直流变频微型压缩机

完成单位：上海海立电器有限公司

H型无壳体一体化机架直流变频微型压缩机使用R134a制冷剂，适用于微制冷领域，如移动基站通讯柜电池仓空调、便携式冷却用空调、便携冰箱、医用移动冷藏、CPU/GPU冷却等场合。

产品采用独特的H型无壳体一体化机架取代了传统的壳体、上缸盖等部品，攻克定转子难对中的问题，使得压缩机定转子间隙更加均匀，结构简化的同时，提高装配精度，同时吸气无内泄漏隐患，定子散热效果好，能效突破3.0，噪音低至32dB。全新激光焊接工艺，对机架材质、夹具部品加工精度、激光出光频率、焊接速度等进行多次调整，摸索出符合量产节拍稳定的焊接工艺，解决微型结构紧凑带来的焊接温度过高而导致的电机烧毁问题。

图6.9　H型无壳体一体化机架直流变频微型压缩机

6.2.4 卧式DC变频全封闭电动涡旋压缩机

完成单位：松下压缩机（大连）有限公司

卧式DC变频全封闭电动涡旋压缩机适用于安装高度受限制、对于节能及系统能效有较高要求的空调系统如电动汽车、轨道交通等。目前国内这类产品较少，处于刚起步阶段。

产品采用R410A制冷剂、卧式全封闭结构、DC变频技术、稀土永磁体电动机。产品解决了压缩机横向放置使用时，机体摇摆的情况下，压缩机的油循环、安装、稳定运行以及可靠性等问题。整体高度低、能效高，具有宽范围可连续调节的能力输出、快速制冷/制热特性、较低的振动噪音和高可靠性。

图6.10 卧式DC变频全封闭电动涡旋压缩机

6.2.5 热泵喷气涡旋压缩机

完成单位：丹佛斯（天津）有限公司

热泵喷气涡旋压缩机是为满足我国北方地区，特别是人口稠密的华北地区冬季取暖、夏天制冷的要求专门开发的一款产品。

产品采用喷气增焓技术，将带一定过热度的中温中压气态制冷剂通过喷气通道喷入涡旋盘内，以增加制冷剂流量。结合对经济器的优化设计，二次过冷增加制冷量及制冷系数，制热时由于流量的增加实现制热量增加，并对降低排气温度，实现拓展压缩机低环境温度下运行范围的效果。

产品的最大特点是针对夏季制冷部分负荷工况运行性能低问题在排气侧增加了中间排气阀，并在涡旋盘上对应位置增加中间排气孔，实现压缩机在部分符合工况下运行时通过之间排气阀中间排气，改善压缩机过压缩情况，提高低压比部分负荷下制冷性能。在高压比情况下由于压差作用中间排气阀关闭，对压缩机高压比工况性能没有负面作用。同时，也可降低压缩机除霜时液击及低温带液启动风险，改善压缩机的可靠性。

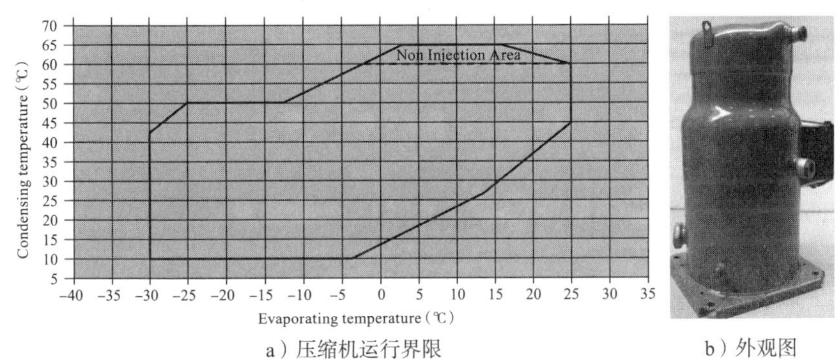

a）压缩机运行界限　　b）外观图

图 6.11　热泵喷气涡旋压缩机

6.2.6　微通道热泵换热器

完成单位：杭州三花微通道换热器有限公司

微通道换热器因其特殊结构使得换热效率比传统铜管翅片式换热器高，在提高空调能效的同时还可显著减少制冷剂的充注量，在节能要求日益提高和可燃制冷剂使用越来越多的情况下得到了行业的极大重视。

微通道热泵换热器为全铝换热器，主要由换热管、翅片、集流管和分配器组成。换热管采用多孔扁管设计，可大大提高制冷剂侧换热系数。空气侧翅片采用特殊百叶窗设计的波浪翅片，可有效减小空气侧热阻，提升空气侧换热系数。采用特殊的分配器和集流管设计可保证制冷剂分配均匀，充分发挥换热器的换热效果。同等制冷效率下，微通道换热器与传统的铜管翅片换热器相比，体积减少 30%，重量减轻 50%，制冷剂的充注量则可减少 30%。

图 6.12　微通道热泵换热器

6.2.7　压缩机用高性能低重稀土烧结钕铁硼磁体

完成单位：福建省长汀金龙稀土有限公司

压缩机用高性能低重稀土烧结钕铁硼磁体通过布置独特的重稀土及其合金化合物的扩散源，在合适的温度、压力及时间下，金属蒸气从产品表面由表及里地沿着晶界渗透，形成颗粒表层富含重稀土的壳层结构，在几乎不降低剩磁的条件下，大幅度提升磁体的矫顽力及高温性能。

第四篇 制冷剂替代专题

旨在保护大气臭氧层的制冷剂替代无疑是制冷空调行业面临的一个势在必行且长期的问题，替代制冷剂的不确定性、伴随制冷剂替代的能效问题等给行业带来一系列的挑战。本篇介绍了行业正在进行的HCFCs制冷剂替代和即将到来的HFCs替代的一些基础信息，提供了行业开展HCFCs替代的一些进展情况。由于涉及面宽、时间跨度大，不排除存在未能及时更新的信息，所提供的信息仅供参考。

第 7 章　HCFCs 与 HFCs 替代基础

7.1　保护臭氧层国际协定

7.1.1　保护臭氧层的有关国际协定

ODS 破坏臭氧层的问题被确认以后，国际社会采取了一系列的措施来减少 ODS 的使用和排放，保护臭氧层。

1）1974 年，臭氧层破坏问题的提出。

2）1977 年，UNEP（联合国环境规划署）在美国华盛顿评价臭氧层的国际会议，通过了《关于臭氧层行动世界计划》。开始了对臭氧层的监测，进行臭氧层破坏对人类、环境、气候影响评价。

3）1985 年，UNEP 在奥地利维也纳召开保护臭氧层大会，通过了《保护臭氧层维也纳公约》。标志着保护臭氧层国际统一行动的开始，但尚未涉及实质性的对 ODS 消费和排放的控制。

4）1987 年，UNEP 在加拿大蒙特利尔召开了“保护臭氧层公约关于含氯氟烃议定书全权代表大会”，形成了《关于消耗臭氧层物质的蒙特利尔议定书》并有 24 个国家签署。议定书意味着 ODS 消费和排放控制的开始，制定了 5 种全氯氟烃（CFCs）和 3 种哈龙（用作灭火剂）的淘汰计划。

5）1989 年，在芬兰赫尔辛基召开蒙特利尔议定书缔约国第一次全体大会，通过了《赫尔辛基宣言》，向全世界呼吁保护臭氧层的急迫性。1989 年中国签字加入《蒙特利尔议定书》。

6）1990 年，在英国伦敦召开了蒙特利尔议定书缔约国第二次全体大会，通过了《关于消耗臭氧层物质的蒙特利尔议定书》（伦敦修正案）。扩大了控制物质的范围，由原来的 2 类 8 种扩大到了 5 类 20 种，且提前了控制时间进度。建立了基金机制（蒙特利尔基金），修改了不利于发展中国家的条款。

7）1992 年，在丹麦哥本哈根召开了蒙特利尔议定书缔约国第四次全体大会，通过了《蒙特利尔议定书》（哥本哈根修正案）。调整了淘汰 ODS 物质的时间表、提出了淘汰 HCFCs 物质的时间表，并对 ODS 的销毁、回收、再生和再利用做出了规定。1992 年我国签字成为《蒙特利尔议定书》（修正案）的缔约国。

8）1995 年，蒙特利尔议定书缔约国第七次全体大会通过了《蒙特利尔议定书》（维也纳修正案）。

9）1997 年，蒙特利尔议定书缔约国第九次全体大会通过了（蒙特利尔修正案）。主要规定了消耗臭氧层物质进出口的一些措施。该修正案要求缔约方对所有受控物质建立进出口许可证制度，还规定了在缔约方和非缔约方之间禁止甲基溴贸易。

10）1999 年，蒙特利尔议定书缔约国第十一次全体大会通过了（北京修正案）。增加了一种新的受控物质即附件 C 第三组溴氯甲烷，要求从 2002 年起各缔约方禁止此种物质生产和消费（必要用途除外）。北京修正案也第一次对 HCFC 的生产规定了控制条款。此外，北京修正案增加了很重要的一条禁止缔约方和非缔约方之间进行 HCFC 类物质贸易的条款。

11）2016 年，蒙特利尔议定书 197 个缔约方在卢旺达首都达成基加利修正案，就导致全球变暖的强效温室气体氢氟碳化物（HFCs）的削减达成一致。这一在人类历史上具有里程碑意义的国际公约将于 2019 年 1 月 1 日生效。

各次修正案对受控物质种类、消费基准量和淘汰时间进度计划等做了一系列的修正。2007 年中国实现了 CFCs 和哈龙物质的提前淘汰。到 2010 年中国已签署、加入了所有修正案。

2010年是《蒙特利尔议定书》一个重要的里程碑，第一阶段履约工作全面完成，CFCs、哈龙、四氯化碳、甲基氯仿物质在全球实现了100%淘汰。

7.1.2 制冷剂替代时间表

7.1.2.1 HCFCs替代

2007年9月，第19次蒙特利尔议定书缔约国大会上通过了加速淘汰HCFCs物质的调整案。按照调整案，对于包括中国在内的第5条款国家（发展中国家）来说，新的淘汰HCFCs的时间进度如图7.1所示。2013年冻结在2009年和2010年消耗量的平均水平上（基线水平），2015年在基线水平上削减10%、2020年削减35%、2025年削减67.5%、2030年削减97.5%，自2030年起仅允许保留2.5%作为维修用途，至2040年实现完全淘汰。发达国家在此基础上提前10年。

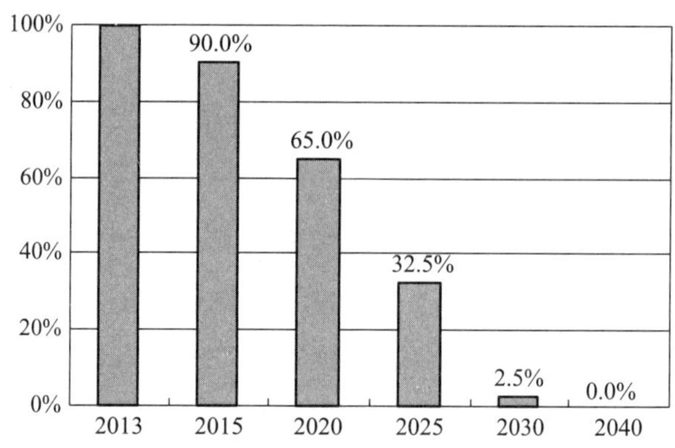

图7.1 发展中国家HCFCs淘汰进度

中国作为已签署承诺按照《蒙特利尔议定书》规定行事的发展中国家，已颁布了受控HCFCs物质清单，正在按照此时间表进行中国的HCFCs淘汰工作。

7.1.2.2 HFCs替代

根据《蒙特利尔议定书》（基加利修正案）的规定，不同国家淘汰

HFCs 的时间进度有所不同，如表 7.1 所示。

表 7.1 HFCs 淘汰时间进度

第二条款国（发达国家）				
基线值	以 CO_2 为单位的 100% 的 HFC 三年均值（2011—2013）+15% HCFC 基线值		以 CO_2 为单位的 100% 的 HFC 三年均值（2011—2013）+25% HCFC 基线值	
	HCFC 基线值 =1989 年的 HCFC +1989 年的 2.8% 的 CFCs			
限控时间表	年份	削减量	年份	削减量
	2019	10%	2020	5%
	2024	40%	2025	35%
	2029	70%	2029	70%
	2034	80%	2034	80%
	2036	85%	2036	85%
适用国	美国、欧盟、日本、加拿大、澳大利亚、挪威、瑞典等主要发达国家		俄罗斯、白俄罗斯、哈萨克斯坦、塔吉克斯坦、吉尔吉斯斯坦	

第五条款国（发展中国家）				
基线值	以 CO_2 为单位的 100% 的 HFC 三年均值（2020—2022）+65% HCFC 基线值		以 CO_2 为单位的 100% 的 HFC 三年均值（2024—2026）+65% HCFC 基线值	
	HCFC 基线值 =2009 -2010 的 HCFC 均值			
限控时间表	年份	削减量	年份	削减量
	2024	冻结在基线以下	2028	冻结在基线以下
	2029	10%	2032	10%
	2035	30%	2037	20%
	2040	50%	2042	30%
	2045	80%	2047	85%
适用国	包括中国在内的大多数发展中国家		印度、沙特、巴基斯坦、科威特、巴林、伊朗、伊拉克、阿曼、卡塔尔、阿联酋	

对于包括中国在内的大多数发展中国家来讲，2024 年冻结在基线水平以下，2029 年在基线水平上削减 10%、2035 年削减 30%、2040 年削减 50%、2045 年削减 80%。

需要注意的是，与 HCFCs 淘汰时不加区别的按照 HCFCs 的绝对质量计算和考评不同，HFCs 淘汰的基线水平采用了全新的计算方法。新的基线计算方法是按照 CO_2 当量计算。即以 CO_2 为单位的 2020 年至 2022 年 HFCs 消费的平均值与 65% 的 HCFCs 基线之和，其中 HCFCs 的基线是 2009 年至 2010 年 HCFCs 消费的平均值。

这意味着淘汰不同 GWP 的 HFCs 所计算得到的淘汰当量不同，优先淘汰高 GWP 的 HFCs 将具有更快的淘汰进度。

7.1.2.3 HFCs 受控物质

按照《蒙特利尔议定书》（基加利修正案）的规定，受控 HFCs 物质及其 GWP 值如表 7.2 所示。此外，对于制冷空调行业，一些含有受控物质的混合制冷剂也将被淘汰如 R410A、R404A 等（见表 7.3）。

表 7－2 受控 HFC 物质清单

附件 F：受控物质清单		
类别	物质	GWP_{100}
第一类		
CHF_2CHF_2	HFC－134	1100
CH_2FCF_3	HFC－134a	1430
CH_2FCHF_2	HFC－143	353
$CHF_2CH_2CF_3$	HFC－245fa	1030
$CF_3CH_2CF_2CH_3$	HFC－365mfc	794
CF_3CHFCF_3	HFC－227ea	3220
$CH_2FCF_2CF_3$	HFC－236cb	1340
CHF_2CHFCF_3	HFC－236ea	1370
$CF_3CH_2CF_3$	HFC－236fa	9810

表 7－2（续）

附件 F：受控物质清单		
类别	物质	GWP_{100}
$CH_2FCF_2CHF_2$	HFC－245ca	693
$CF_3CHFCHFCF_2CF_3$	HFC－43－10mee	1640
CH_2F_2	HFC－32	675
CHF_2CF_3	HFC－125	3500
CH_3CF_3	HFC－143a	4470
CH_3F	HFC－41	92
CH_2FCH_2F	HFC－152	53
CH_3CHF_2	HFC－152a	124
第二类		
CHF_3	HFC－23	14800

表 7.3　间接受控物质（制冷剂）

间接受控物质		
物质	成分	GWP_{100}
R404A	R125/143a/134a（44/52/4）	3920
R407C	R32/125/134a（23/25/52）	1770
R410A	R32/125（50/50）	2090
R417A	R125/134a/600（46.6/50/3.4）	2350

7.2　国家政策

目前中国的 ODS 生产量、使用量和出口量全球最大，温室气体排放总量居全球前列，面临着严峻的环境保护形势。中国对全球环境保护具有举足轻重的作用，履约态度和行动备受关注。中国分别于 1991 年 6 月和

2003 年 4 月加入了《关于消耗臭氧层物质的蒙特利尔议定书》伦敦修正案和哥本哈根修正案。

中国政府高度重视臭氧层保护问题，已形成了一个层次比较清晰的政策法规体系。《中华人民共和国环境保护法》和《中华人民共和国大气污染防治法》是中国 ODS 淘汰行动所依据的基本的国内法。其中，《中华人民共和国大气污染防治法》2000 年修正案专门针对 ODS 淘汰问题新增了第四十五条和第五十九条。新增第四十五条第一款规定："国家鼓励、支持消耗臭氧层物质替代品的生产和使用，逐步减少消耗臭氧层物质的产量，直至停止消耗臭氧层物质的生产和使用"。这一款原则性的规定为现行管理体系提供了明确的、原则性的国内立法支持。

《中国逐步淘汰消耗臭氧层物质国家方案》及其修订稿是经国务院批准并得到蒙特利尔议定书多边基金执委会认可的国家行动计划。它实质上是中国实施《蒙特利尔议定书》的基本行动纲领，对中国 ODS 物质淘汰行动做出了全面的原则性规定，在 ODS 淘汰行动的整个政策法规体系中占有核心地位，是制定和实施各行业淘汰计划以及各种相关政策措施的首要依据。

2010 年 4 月中国国务院颁布的《消耗臭氧层物质管理条例》明确了我国管理消耗臭氧层物质的目标和任务，规定国家逐步削减并最终淘汰消耗臭氧层物质，于 2010 年 6 月 1 日施行。

条例规定，在中华人民共和国境内从事消耗臭氧层物质的生产、销售、使用和进出口等活动，适用本条例。其中，生产是指制造消耗臭氧层物质的活动；使用是指利用消耗臭氧层物质进行的生产经营等活动，不包括家庭等使用冰箱、空调等含消耗臭氧层物质的产品的活动。

条例明确了国家管理消耗臭氧层物质的目标是最终淘汰作为制冷剂、发泡剂、灭火剂、溶剂、清洗剂、加工助剂、杀虫剂、气雾剂、膨胀剂等用途的消耗臭氧层物质。

条例规定了建立消耗臭氧层物质总量控制制度、建立消耗臭氧层物质配额管理制度、建立消耗臭氧层物质备案管理制度，同时条例规定了强化执法手段，明确法律责任。

7.3 两个重要的环境指标

《蒙特利尔议定书》（基加利修正案）在淘汰 HFCs 制冷剂的同时，对制冷空调设备的能效给予了很高的关注，设备能效成为影响 HFCs 制冷剂替代的一个重要因素。这意味着需要同时考虑替代制冷剂 GWP 的直接环境影响和设备能耗导致的间接环境影响（电力生产过程中的温室气体排放）。

目前，同时兼顾这两方面因素的常见环境指标包括 TEWI 和 LCCP。

7.3.1 TEWI

总体环境温升效应（Total Equivalent Warming Impact）。它用来综合考虑制冷剂排放的直接效应和能源利用的间接效应。

直接效应取决于制冷剂的 GWP、制冷剂的排放量和考虑的时间框架长度。间接效应取决于运行过程中的能源效率以及能量的来源。

$$TEWI = DE + IE \tag{7.1}$$

式中，DE——直接效应；

IE——间接效应。

$$DE = GWP \times L \times N + GWP \times m \times (1 - \alpha) \tag{7.2}$$

式中：L——制冷剂年损失率，kg/年；

N——设备运转时间，年；

m——设备制冷剂充注量，kg；

α——设备报废时制冷剂回收率，%。

$$IE = N \times E_{ann} \times \beta \tag{7.3}$$

式中：β——生产单位能源所引起的 CO_2 排放量，kg/kWh；

E_{ann}——设备的年能耗，kWh/年。

由式（7.2）、式（7.3）可以看出，TEWI考虑到了制冷剂本身的温室效应、制冷剂消耗量导致的温室效应、设备能耗引起的生产能源的温室气体排放等各种因素。因此，它是一个比较全面的评价指标。

7.3.2 LCCP

寿命周期气候性能（Life Cycle Climate Performance）。LCCP与TEWI指标基本相同，但修正了TEWI分析时的个别疏忽，认为在评价对全球气候变化影响时还应进一步考虑生产任何氟烃化合物时所伴随的影响，即应该考虑下列两个因素：

1）生产氟烃化合物及其原料时的消耗（如电能和各种燃料）所伴随的影响。这种影响称为“蕴含能量（Embodied Energy）”。

2）生产过程排放的作为温室气体的任何副产品。这种影响称为“不易收集的排放（Fugitive Emissions）”。

$$LCCP = N \times E_{ann} \times \beta + (GWP + E + F)\ [L \times N + m\ (1 - \alpha)] \quad (7.4)$$

式中，E——蕴含能量，生产制冷剂能耗导致的CO_2排放，kg/kg制冷剂；

F——不易收集的排放，生产制冷剂排放的副产品导致的CO_2排放，kg/kg制冷剂。

7.4 几种替代制冷剂的性质

作为资料性内容，本节介绍目前常见的HFCs类制冷剂的替代制冷剂供读者参考。需要说明的是，针对HFCs的替代制冷剂目前尚未有明确定论，相关研究仍在进行中，不排除未来出现更理想的新制冷剂。

7.4.1 R744（二氧化碳）

R744是二氧化碳（CO_2），属于纯天然物质，ODP为0，GWP为1，安全分类为A1，无毒、不可燃，大气中寿命极长。

常温常压下为无色无味的气体。其分子式和结构式为 CO_2，相对分子量 44.01，沸点 -78.464℃，临界温度 31.0℃、临界压力 7.382MPa、临界密度 468.2kg/m^3。

25℃时饱和蒸汽压 6.434MPa、液体密度 0.711g/cm^3、气体密度（101.325kPa）242.73kg/m^3、液体黏度 0.0570mPa·s、气体黏度 0.0202mPa·s、液体导热系数 80.789mW/m·K、气体导热系数 45.509mW/m·K、表面张力 0.558mN/m。

CO_2 具有优良的热力性能和环境性能。其单位体积制冷量大、体密度较大、黏度低，这些都有利于减少系统管路和压缩机的尺寸、提高换热器的效率。

CO_2 的主要应用领域为热泵热水器、小型制冷空调装置等，其制冷循环一般为跨临界循环，压缩排气温度高于其临界温度，不存在常规制冷循环中的气体相变冷凝过程，而是一个没有相变的气体冷却过程。

CO_2 的关键问题是工作压力很高，其高压往往超过 10MPa。因此，关键在于解决 CO_2 制冷系统的耐压能力问题。为此，也有将 CO_2 作为二级复叠式制冷系统的低温级制冷剂，高温级依照冷凝温度的不同可以选取不同的制冷剂。这样，CO_2 低温级制冷循环就变为常规的亚临界循环。

由于 CO_2 制冷循环的无相变高温气体冷却过程的特点，它特别适用于热泵热水器/机，用于加热热水。目前 CO_2 制冷剂在热泵热水器、二级复叠式制冷系统、小型制冷空调装置中已进入市场化应用。

7.4.2 R717（氨）

R717 是氨（NH_3），属于纯天然物质，ODP 为 0，GWP 为 0，安全分类为 B2L，有毒、弱可燃，大气中寿命数日。

常温常压下为无色刺激性气体。其分子式和结构式为 NH_3，相对分子量 17.03，沸点 -33.3℃，临界温度 132.3℃、临界压力 11.33MPa、临界密度 235.0kg/m^3。

25℃时饱和蒸汽压 0.988MPa、液体密度 0.603g/cm^3、气体密度

（101.325kPa）7.807kg/m^3、液体黏度0.132mPa·s、气体黏度0.00983mPa·s、液体导热系数485.51mW/m·K、气体导热系数26.159mW/m·K、表面张力24.812mN/m。

NH_3 属于弱可燃物质，燃烧下限（LFL）16% vol、燃烧上限（UFL）25% vol，浓度达到11% ~14%时可点燃，浓度达到16% ~25%时遇明火会发生爆炸。

NH_3 有毒，具有强烈的刺激性气味，可以刺激人的眼睛和呼吸系统。半数致死浓度（LC_{50}）3300ppm（1ppm = 1×10^{-6}），制冷剂浓度限值（RCL）320ppm，职业接触限值（OEL）25ppm。空气中容积浓度达到0.5% ~0.6%时，人停留半小时就会引起中毒。

NH_3 是最早使用的可燃、有毒制冷剂，过去主要用于食品冷冻冷藏行业的大型冷库。长期的使用经验已形成了完善的制冷剂应用技术和安全技术，涵盖设计、施工、操作、维护维修、紧急状态处理等方方面面。尽管 NH_3 制冷系统安全事故时有发生，但这些事故均是由于在某个或几个环节未遵循相关的技术要求或技术规范所造成的。

此外，NH_3/CO_2 复叠式系统也是近年来出现的新应用，以 CO_2 为低温级、NH_3 为高温级的组合可以有效地减少氨充注量、降低 CO_2 的工作压力，系统效率高、尺寸小、制冷快，具有较为明显的优势。

7.4.3 R290（丙烷）

R290是丙烷，属于纯天然物质，ODP为0，GWP为3，安全分类为A3，无毒、高可燃，大气中寿命12年。

常温常压下为气体。其分子式为 C_3H_8、结构式为 $CH_3CH_2CH_3$，相对分子量44.096，沸点 -42.1℃，临界温度96.74℃、临界压力4.251MPa、临界密度220.5kg/m^3。

25℃时饱和蒸汽压0.952MPa、液体密度0.492g/cm^3、气体密度（101.325kPa）20.618kg/m^3、液体黏度0.0971Pa·s、气体黏度0.00827mPa·s、液体导热系数93.718mW/m·K、气体导热系数18.960mW/m·K、表面张力

6.987mN/m。

R290属于高可燃物质，燃烧下限（LFL）2.1% vol、燃烧上限（UFL）9.5% vol。需要采取相关的安全措施。

R290具有优良的环境性质。大气寿命短、对臭氧层无破坏作用。与R22相比，两种制冷剂的沸点、临界温度和饱和蒸气压力曲线都比较接近，是直接替代R22的良好候选之一，也是中国国家方案中房间空调器的替代制冷剂。国内在R290作为房间空调器制冷剂方面开展了大量的研究。研究结果表明，R290制冷系统的COP要高于R22制冷系统，但制冷量和制热量会降低，压缩机的排气温度、排气压力都要低于R22系统。

R290作为制冷剂最大的问题是其燃烧性，需要控制制冷剂的充注量，并建立一整套涵盖产品设计、制造、运输、储存、安装、维修等各个环节的安全技术和安全标准与规范。由于以前没有这方面的研究和经验积累，这是制冷行业所面临的亟待解决的课题。这一问题得不到解决，产品的市场化推广将受到制约。目前中国环保部对外合作中心也设立了一系列的针对R290安全性的研究课题，行业里也开展了大量的研究工作。

7.4.4 R718

R718是水，属于纯天然物质，ODP为0，GWP为0.2，安全分类为A1，无毒、不可燃，大气中寿命数日。

常温常压下为无色无味的液体。其分子式和结构式为H_2O，相对分子量18.02，沸点100℃，临界温度373.99℃、临界压力22.064MPa、临界密度322kg/m^3。

25℃时饱和蒸汽压0.00317MPa、液体密度0.997g/cm^3、气体密度（101.325kPa）23.075kg/m^3、液体黏度0.890mPa·s、气体黏度0.0097mPa·s、液体导热系数607.15mW/m·K、气体导热系数18.550mW/m·K、表面张力71.99mN/m。

很早以前，曾尝试过以水作为制冷剂，但随着卤代烃类制冷剂的出现，其优良的性能使得水制冷剂即刻被淘汰。水作为制冷剂最大的问题是其对金属的腐蚀性以及机械运动部件的润滑问题。目前，未来水制冷剂的应用前景尚不明朗。

7.4.5 R32

R32是二氟甲烷，属于含氢氟烃，ODP为0，GWP为716，安全分类为A2L，无毒、弱可燃，大气中寿命5.2年。

常温常压下为醚味气体。其分子式和结构式为CH_2F_2，相对分子量52.02，沸点-51.7℃，临界温度78.11℃、临界压力5.78MPa、临界密度424kg/m^3。

25℃时饱和蒸汽压1.689MPa、液体密度0.961 g/cm^3、气体密度（101.325kPa）47.339 kg/m^3、液体黏度0.113Pa·s、气体黏度0.0128mPa·s、液体导热系数125.89mW/m·K、气体导热系数15.022mW/m·K、表面张力6.78 mN/m。

R32属于弱可燃物质，燃烧下限（LFL）14%vol、燃烧上限（UFL）31%vol。因此在使用时需要采取相应的措施。

R32是替代小型工商制冷空调用HCFCs制冷剂的国家方案之一。由于R32的燃烧性要低于R290，目前国内外也在开展将R32用作房间空调器的替代制冷剂研究。

R32的性质与R410A的性质非常接近，可作为R22的替代物。针对R32在制冷空调中的应用，行业里展开了大量的工作。研究结果表明，R32的充注量要小于R410A系统，房间空调器和小型商用空调中R32系统的制冷量和COP都要高于R410A。在制热方面，R32系统与R410A系统表现相当，无明显优劣之分。R32系统的冷凝压力与R410A相近，但要高于R22系统。但R32系统的排气温度要高于R410A和R22系统，需采取相应的措施如喷液冷却等，以降低压缩机的排气温度[27]。

R32的安全分类为A2L类，属于弱可燃制冷剂，在使用时应遵守相关标准的相关规定，控制制冷剂的充注量，并建立一整套涵盖产品设计、制造、运输、储存、安装、维修等各个环节的安全技术和安全标准与规范。

由于以前没有这方面的研究和经验积累，这是中国制冷空调行业所面临的亟待解决的课题。这一问题得不到解决，产品的市场化推广将受到制约。目前中国环保部对外合作中心也设立了一系列的针对 R32 安全性的研究课题，行业里也开展了大量的研究工作。

7.4.6 R1234yf

R1234yf 是 2，3，3，3－四氟丙烯，属于氢氟烃，ODP 为 0，GWP 为 4，安全分类为 A2L，无毒、弱可燃，大气中寿命 11 天。

常温常压下为轻微醚味气体。其分子式为 $C_3H_2F_4$、结构式为 $CF_3CF=CH_2$，相对分子量 114.04，沸点－29.5℃，临界温度 94.7℃、临界压力 3.382MPa、临界密度 478kg/m^3。

25℃时饱和蒸汽压 0.683MPa、液体密度 1.0919g/cm^3、气体密度（101.325kPa）37.925kg/m^3、液体黏度 0.156Pa·s、气体黏度 0.0123mPa·s、液体导热系数 63.585mW/m·K、气体导热系数 13.966mW/m·K、表面张力 6.157mN/m。

R1234yf 属于弱可燃物质，燃烧下限（LFL）6.2% vol、燃烧上限（UFL）12.3% vol。因此在使用时需要采取相应的措施。

R1234yf 是近年来推出的一种制冷剂，具有优秀的环保性质。它是一种长期替代物，目前主要用于汽车空调中作为 R134a 的替代制冷剂，但与 HFC－134a 相比仍存在一定差距。已有研究结果表明，若对 R134a 系统进行直接替代，R1234yf 系统制冷量会下降 3－13% 左右，COP 会最高会下降 12% 左右；压缩机的排气温度也会下降。

此外，R1234yf 也可与其他制冷剂组成混合制冷剂替代 HCFC－22 广泛应用于家用空调、商用空调、除湿机、商业制冷等制冷设备中。

目前国外学者已经针对 R1234yf 的基本物理性质、状态方程及系统性能做出了比较多的研究。美国、日本等国家也已批准 HFO－1234yf 的使用。但国内的相关研究相对较少，多集中于直接替代方面。

R1234yf 与矿物油、烷基苯、PAG、POE 等常见润滑油都有良好的互溶性。R1234fy 可以与铝、镁、锌反应，尤其是去除表面氧化层后。R1234fy 与涤纶、尼龙、环氧树脂、PET、锦纶、氯丁橡胶、氢化丁晴树脂、三元乙丙橡胶和丁基橡胶等具有良好的材料兼容性，但与硅橡胶不兼容。

7.4.7 R1234ze（E）

R1234ze（E）是反式 1，3，3，3－四氟丙烯，属于氢氟烃，ODP 为 0，GWP 为 6，安全分类为 A2L，无毒、弱可燃，大气中寿命 14 天。

常温常压下为轻微醚味气体。其分子式为 $C_3H_2F_4$、结构式为 $CF_3CH=CHF$，相对分子量 114.04，沸点－19℃，临界温度 111.25℃、临界压力 3.576MPa、临界密度 473kg/m^3。

25℃时饱和蒸汽压 0.499MPa、液体密度 1.18g/cm^3、气体密度（101.325kPa）26.356kg/m^3、液体黏度 0.199Pa・s、气体黏度 0.0122mPa・s、液体导热系数 74.384mW/m・K、气体导热系数 13.611mW/m・K、表面张力 8.851mN/m。

R1234ze（E）属于弱可燃物质，因此在使用时需要采取相应的措施。

R1234ze（E）是新开发的一种环保性能非常优良的 HFO 类制冷剂，用作 R134a 的替代物。R1234ze（E）可用于热泵、冷水机组及自动售货机、冷柜等制冷设备中。

此外，R1234ze（E）也常和其他制冷剂组成混合制冷剂，用于 R410A、R407C 等高 GWP 制冷剂的替代。

第 8 章　制冷空调行业 HCFCs 替代活动

本章介绍中国制冷空调行业 HCFCs 替代第一阶段（2010—2015）的一些活动，方便读者对 HCFCs 替代工作形成整体的认识和了解。

8.1　HCFCs 替代的概况

中国 HCFCs 替代的指导性文件是 HCFCs 淘汰管理计划（HPMP），中国 HCFCs 淘汰的管理部门，国家环境保护部对外合作中心，在每个阶段开始前组织编写制定，并经过蒙特利尔基金执委会批准，由蒙特利尔基金提供资金支持。

在第一阶段，中国实施了 3 个行业的 HPMP，包括泡沫、制冷和清洗。其中泡沫行业包括 PU 硬质泡沫和 XPS 软质泡沫 2 个子行业，制冷行业包括房间空调器、工商制冷和制冷维修 3 个子行业。各个行业与子行业之间往往存在一定关联，相互影响、相互促进（如图 8.2 所示）。

为了促进 HCFCs 替代进程，在制冷/空调行业上开展了一些技术援助项目和示范项目，以解决行业的一些共性问题，如可燃制冷剂的安全问题等。

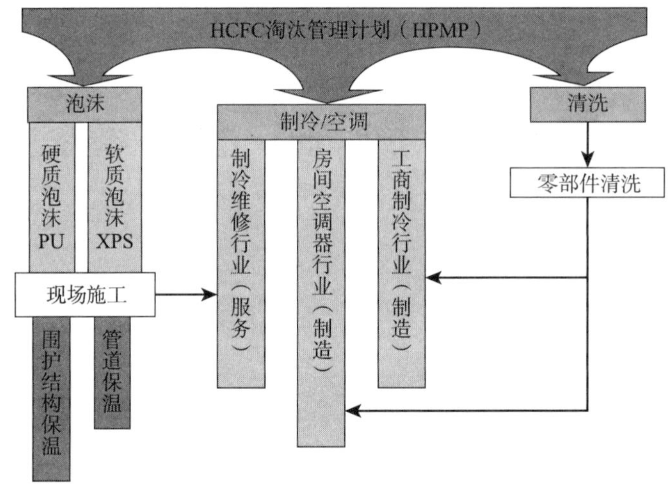

图 8.1　HCFCs 淘汰管理计划

8.2　房间空调器子行业

房间空调器子行业涉及的产品相对比较单一，包括房间空调器、转速可控型房间空调器、空调器压缩机几个产品，后期又纳入家用和类似用途热泵热水器产品。

在第一阶段，房间空调器子行业首选 R290 辅以 R410A 作为 R22 的替代制冷剂。考虑到《蒙特利尔议定书》基加利修正案，在第二阶段房间空调器子行业已不再支持 R410A 的转换项目。

第一阶段实施的房间空调器子行业替代项目包括 14 个企业的 15 条 R290 空调器生产线，总产能 1036 万台/年，可淘汰 R22 制冷剂 8596t/年；7 个企业的 7 条 R410A 空调器生产线，总产能 420 万台/年，可淘汰 R22 制冷剂 2833t/年；以及 4 个企业的 4 条 R290 空调器生产线，总产能 808 万台/年。如表 8.1 所示。

表 8.1　房间空调器子行业替代项目

产品	序号	实施单位	技术路线	产能万台/年	R22 消费量（t/年）	实施时间	备注
空调器	1	广东美的制冷设备有限公司	R290	25	240	2010—2013	示范项目
	2	格力电器（芜湖）有限公司	R290	150	1809	2013—2017	
	3	芜湖美智空调设备有限公司	R290	50	480	2012—2017	
	4	TCL 空调器（中山）有限公司	R290	115	848	2017—2018	
	5	TCL 空调器（中山）有限公司	R290	30	70.2	2013—2016	
	6	重庆海尔空调器有限公司	R290	53	645	2012—2013	
	7	滁州扬子空调器有限公司	R290	33	423	2013—2015	
	8	江苏春兰制冷设备股份有限公司	R290	30	246	2013—2014	
	9	四川长虹空调有限公司	R290	40	297	2013—2016	
	10	青岛海尔空调器有限总公司	R290	200	713.6	2013—2016	
	11	宁波奥克斯空调有限公司	R290	50	530	2014—2017	
	12	TCL 空调器（武汉）有限公司	R290	90	807.8	2015—2017	
	13	青岛海尔（胶州）空调器有限公司	R290	70	337.8	2015—2018	
	14	合肥海尔空调器有限公司	R290	30	393	2015—2016	
	15	武汉海尔电器股份有限公司	R290	70	756	2015—	
小计				1036	8596.4		
空调器	1	格力电器（重庆）有限公司	R410A	129	1367	2013—2014	
	2	广东美的制冷设备有限公司	R410A	65	624	2012—2015	
	3	滁州扬子空调器有限公司	R410A	2.2	26	2013—2015	
	4	四川长虹空调有限公司	R410A	40	355	2013	
	5	海信（广东）空调有限公司	R410A	45	101	2013—2017	
	6	宁波奥克斯空调有限公司	R410A	70	255	2014—2017	

表8.1（续）

产品	序号	实施单位	技术路线	产能万台/年	R22消费量（t/年）	实施时间	备注
空调器	7	TCL空调器（武汉）有限公司	R410A	69	105	2013—2014	
小计				420.2	2833		
压缩机	1	广东美芝制冷设备有限公司	R290	230	/	2017—2018	示范项目
	2	西安庆安制冷设备股份有限公司	R290	150	/	2013—2016	
	3	上海日立电器有限公司	R290	213	/	2013—2017	
	4	珠海凌达压缩机有限公司	R290	215	/	2013—2017	
小计				808			

8.3 工商制冷子行业

与房间空调器子行业产品单一不同，工商制冷子行业包括各种产品，产品种类变化多端、用途各异（如图8.2所示）。

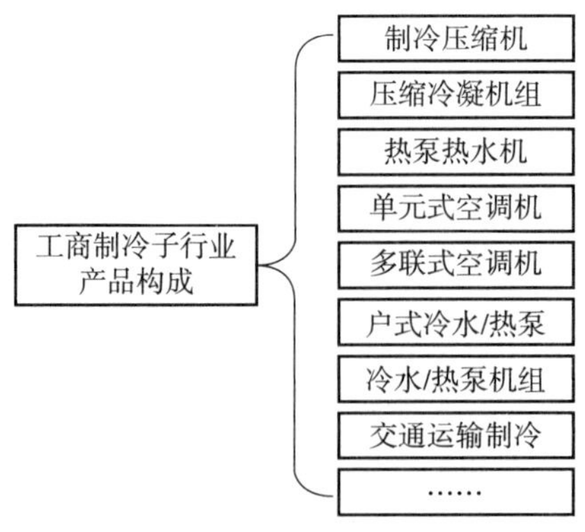

图8.2 工商制冷子行业产品构成

因此，工商制冷子行业替代制冷剂的选择也是多样化的，包括 R32、NH_3、CO_2、R410A、R134a、R744、HFO－1233zd（E）、R717 等各种制冷剂，取决于产品的特征、用途与运行工况等。

在第一阶段，工商制冷子行业共有 19 家企业实施了 19 个 HCFCs 生产线转换项目，产品涵盖单元式空调机、多联式空调（热泵）机组、风管单元机组、工商用冷水（热泵）机组、户用冷水（热泵）机组、螺杆冷水/冰水机组（氨冰水装置）、螺杆载冷机组、螺杆复叠机组、单元式空调机、商用热水机、模块机、涡旋压缩机、半封闭活塞式制冷压缩机、复叠并联压缩机组、压缩冷凝机组等。共计淘汰 R22 制冷剂 8281t/年（表 8.2）。

8.4 制冷维修子行业

8.4.1 维修行业的特点

与制造子行业（房间空调器、工商制冷）可以实现直接的 HCFCs 淘汰不同，制冷维修子行业通过一系列活动提高维修人员的专业素质和技术水平、改善维修服务质量和开展制冷剂回收与再利用来减少维修过程的制冷剂消耗。一般来讲，在制冷维修子行业实现 HCFCs 削减可借助如下途径：

1）控制：控制、减少制冷设备使用和维修过程中的 HCFCs 排放；

2）回收：从制冷设备中回收制冷剂；

3）再循环：从制冷设备中回收制冷剂，经过除水过滤等后处理再使用；

4）再生：从制冷设备中回收制冷剂，经过精馏等再生过程；回收的制冷剂可以用于任何用途。

5）销毁：对于无法进行再循化和再生的 HCFCs 进行销毁。

表 8.2　工商制冷子行业生产线转换项目

序号	实施单位	产品种类	技术路线	产能万台/年	R22消费量（t/年）	实施时间	备注
1	同方人工环境有限公司	空气源热泵机组	R32	0.5	61.9	2011—2013	示范项目
2	烟台冰轮集团有限公司	复叠制冷系统	NH_3/CO_2	0.01	250	2011—2012	示范项目
		载冷剂制冷系统	NH_3/CO_2	0.02	381	2016—2017	
3	珠海格力电器股份有限公司	单元式空调机（K23）	R32	30	828	2012—2014	
		单元式空调机（K55）	R32	30	865	2012—2014	
		多联式空调（热泵）及大风管单元机组	R410A	2	208	2012—2014	
		工商用冷水（热泵）机组	R32	1.5	374	2012—2014	
		户用冷水（热泵）机组	R32	10	332	2012—2014	
4	大连冷冻机股份有限公司	NH3螺杆冷水/冰水机组（氨冰水装置）NH3/CO2螺杆载冷机组（系统）NH3/CO2螺杆复叠机组（系统）	NH_3 CO_2	0.038	677	2016—2018	
5	顿汉布什（中国）工业有限公司	水冷螺杆冷水（热泵）机组风冷螺杆冷水（热泵）机组	R134a	0.02	82.5	2015—2017	
6	广东美的暖通设备有限公司	多联机、单元式空调机、商用热水机、模块机	R410A R32	33	2229	2013—2015	

表 8.2（续）

序号	实施单位	产品种类	技术路线	产能万台/年	R22 消费量（t/年）	实施时间	备注
7	江森自控日立万宝压缩机（广州）有限公司	涡旋压缩机	R32	15	/	2015—	
8	江苏雪梅制冷设备有限公司	半封闭活塞式制冷压缩机	CO_2	0.65	/	2013—2017	
9	南京天加环境科技有限公司	风冷管道机 风冷模块机	R410A R32	1.67	615	2012—2015	
10	宁波奥克斯电气股份有限公司	单元式空调机组、工商用冷水（热泵）机组	R32	16.5	440	2014—2016	
11	青岛海尔开利冷冻设备有限公司	复叠并联压缩机组	R744	0.615	65.8	2015—2016	
12	青岛海尔空调电子有限公司	单元式空调机	R32	20	396	2014—2016	
13	山东格瑞德集团有限公司	螺杆式水冷冷水机组/风冷机组	R134a R32	0.25	106	2013—2014	
14	山东神舟制冷设备有限公司	复叠式制冷机组	NH_3 CO_2	0.004	77.6	2015—2017	
15	上海汉钟精机股份有限公司	螺杆式制冷压缩机、螺杆式高温热泵压缩机	R134a HFO-1233zd（E）	0.12	/	2015—2017	

表 8.2（续）

序号	实施单位	产品种类	技术路线	产能万台/年	R22 消费量（t/年）	实施时间	备注
16	武汉新世界制冷工业有限公司	冷水机组、压缩冷凝机组	R717 R134a	0.02	127	2013—2015	
17	浙江盾安人工环境股份有限公司	中小型工商用冷水（热泵）机组单元式空调机	R32	0.6	160	2012—2016	
18	浙江商业机械厂有限公司	半封闭活塞式制冷压缩机	R32	0.6	/	2013—2017	
19	重庆美的通用制冷设备有限公司	风冷螺杆、水冷螺杆、模块机	R134a R32	0.95	5.4	2014—2017	
合计					8281.2		

6）替代：在现用设备中采用零 ODP 和低 GWP 的直接或简单置换型制冷剂替代 HCFCs。

7）为开展上述活动提供技术、管理支持的间接活动。

自 20 世纪 90 年代起，随着中国经济的腾飞，带动了制冷制造业的迅速发展，中国制冷行业产品产量大、品种多，位居全球首位。制冷设备的保有量规模不断扩大，制冷维修行业也随之出现并不断发展壮大。据估算，目前中国房间空调器的维修企业在 110000 家左右，工商制冷维修企业超过 10000 家，从业人员达上百万人。中国在用制冷设备中所使用的 HCFCs 制冷剂主要以 HCFC－22 为主，约占 99%，其余采用 HCFC－123、HCFC－142b 等。

目前中国制冷维修企业主要分为以下几大类：

1）一些大型制冷设备生产厂家自有的、针对自己产品的专业维修企业。主要担负着本企业产品的现场安装、施工和质保期内的维修服务（一般针对主流或重点市场区域），也部分承担用户委托的质保期以外的后期维修服务。这些维修企业由生产厂家或其母公司管理、运营，具有严格的管理规范和较高的技术水平、完善的人员培训体系、对人员的素质要求也很高。因此，员工的责任意识较强、操作规范、产品的维修质量也较高。这类维修企业数量一般较少。

2）一些大型制冷设备生产厂家为了满足其非重点市场区域的维修保养需要，往往具有一些签约维修企业，负责本公司产品在当地的维修业务（多为二、三级市场区域）以及部分的现场施工业务，以降低其运营成本。签约企业一般都是当地有一定规模和实力的独立维修企业，生产厂家对这些维修企业往往具有较强的制约力，也进行类似的资质认定和不定期的技术培训。

3）第三类是社会上的第三方维修企业。这类企业一般规模较小，但数量很多，占维修企业总数近 90%。这类企业往往无固定的技术依托和规范的人员培训体系，技术水平和人员素质参差不齐、维修操作的随意性也较强、维修质量不能得到充分保证。且其生存压力通常较大，软、硬件配置相对不足，人员流动性也较大。但由于维修价格低廉，加之市场需求旺盛，仍具有一定的保养和维修业务。这类企业往往具有很宽的业务范围，愿意承担任何制冷产品的维修甚至组装业务。

总体而言，中国制冷维修企业性质各异、规模不一、技术水平和人员素质参差不齐、维修质量也各不相同。行业整体情况比较复杂，与设备制造行业相比具有很大的差距，这些决定了中国制冷维修行业的 HCFCs 淘汰工作将是一个艰巨和长期的任务。

8.4.2 维修子行业 HCFCs 替代的实施

维修子行业开展 HCFCs 替代的意义在于：尽管 HCFCs 的主要消耗量发生于制造行业，但 HCFCs 的排放则发生于维修行业，发生于隶属于维修行业的设备使用过程、维修过程、报废过程。开展维修行业的 HCFCs 替代工作将获得快速、直接的减排效益；其次，中国 HCFCs 设备的保有量巨大，这些在用设备在使用、维修过程中也消耗大量的 HCFCs。针对维修行业开展必要、及时的工作，有助于实现中国 HCFCs 替代的整体削减目标；最后也是最重要的事中国制冷制造行业选择了诸多可燃性物质作为 HCFCs 的替代制冷剂，维修行业面临着使用可燃制冷剂设备安装、维修的新挑战，是在制造行业 HCFCs 替代实施前和实施过程中必须解决的问题。开展针对可燃制冷剂设备的安装、维修能力建设是维修行业的责任和义务。对于制造行业成功实现向无 HCFCs 制冷剂转换也是必要的。

在第一阶段，中国制冷维修 HPMP 设计了一系列的活动，包括针对维修人员的培训、针对维修企业和维修人员的资质认证、培训教材编写、相关标准规范制定以及示范项目等等，如图 8.3 所示。

第一阶段在培训方面开展了大量的工作，建立了 19 个培训中心，包括 2 个国家级培训中心和 17 个区域培训中心。表 8.3 为第 1 阶段建立的维修培训中心。

这些活动的目标是：

1）通过改善维修服务质量减少维修过程的 HCFCs 消耗和排放、减少重复维修；

2）鼓励在维修过程回收和再利用 HCFCs 制冷剂；

3）编制、颁布相关标准规范，使维修活动有章可依；

4）改善设备的维护保养质量，使设备始终保持良好的运行状态；

5）为低 GWP 可燃制冷剂的使用提供支持。

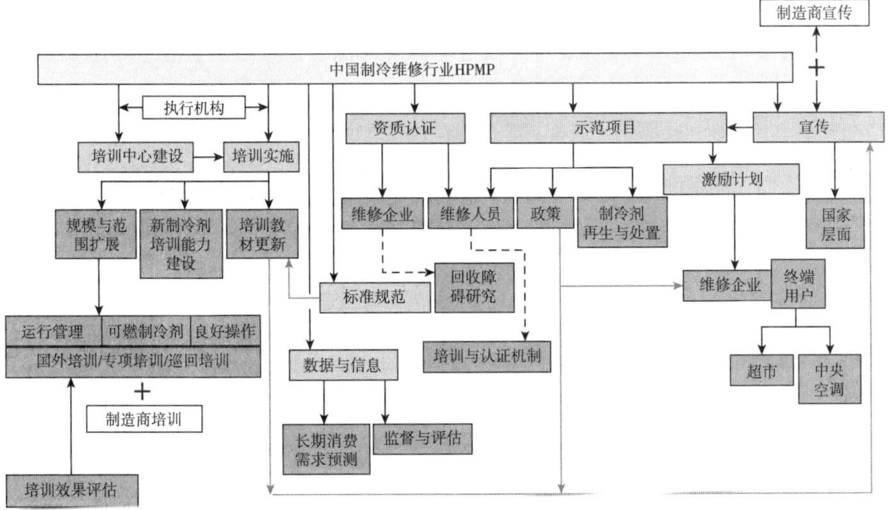

图 8.3　制冷维修了行业相关活动

表 8.3　第 1 阶段维修培训中心

省/直辖市	市/县	培训中心	备注
北京	北京	首钢工学院	
天津	天津	天津市第一商业学校	
天津	天津	天津电子信息高级技术学校	
上海	上海	上海技高职业技能培训中心	国家级
		上海浦东新区上菱职业技术培训中心	
重庆	重庆	重庆市制冷学会	
广东	广州	广州市轻工高级技工学校	国家级
	佛山	广东顺德西安交通大学研究院	
	深圳	深圳市南山区深职训职业培训学校	

表8.3（续）

省/直辖市	市/县	培训中心	备注
山东	济南	山东商业职业技术学院	
	青岛	青岛海运职业学校	
江苏	苏州	苏州市公共实训基地	
河南	民权	民权县职业技术教育中心	
安徽	合肥	安徽职业技术学院	
四川	成都	成都市技师学院	
湖北	武汉	武汉工程职业技术学院	
湖南	长沙	湖南劳动人事职业学院	
浙江	金华	金华市高级技工学校	
海南	海口	海南省技师学院	

需要说明的是，目前中国制冷维修行业在很大程度上仍停留在被动服务的状态。往往只有当设备失去功能不能满足用户使用要求时才会实施维修。这样一方面导致出现制冷剂泄漏不能及时发现，增加了维修行业制冷剂的消费量。另一方面设备长期运行在低能效的非最佳状态，导致大量的无谓能耗，这是维修行业的一个薄弱环节，需要引起高度重视，尽可能改变这种状况。

8.5 技术援助项目

国家环境保护部对外合作中心作为中国HCFCs替代的组织单位，策划开展了系统性、全方位的HCFCs替代工作。除了制造子行业和维修子行业的生产线转换项目外，还针对HCFCs替代的关键问题和共性问题实施了技术援助项目和诸多示范应用项目。

8.5.1 空调行业使用可燃性制冷剂安全风险评估项目

承担单位：公安部天津消防研究所

研究目标：对空调产品中使用可燃性制冷剂的安全风险进行试验和评估，包括评估在空调使用、安装和维修过程中发生火灾以及爆炸事故的可能性、概率和后果；并进而评估当前有关国际标准中规定的安全解决措施以及我国企业提供的产品安全问题解决方案的合理性、科学性和对我国企业的适用性。

研究内容：1）对典型可燃制冷剂 R290、R32、HFC－161 开展实验研究，确定不同条件下的火灾危险性后果；2）研究空调器使用可燃性制冷剂后发生事故的概率；3）针对可能发生的火灾后果，提出一定的安全对策措施；4）评估当前国际标准中安全措施合理性及对我国企业的适用性。

研究成果：1）空调产品使用可燃性制冷剂安全风险评估试验方案及试验报告；2）房间空调器采用不同的可燃性工质的安全风险评价报告；3）空调企业安全措施评价报告；4）国际标准评价报告。

8.5.2 空调行业使用可燃性制冷剂安全风险评估项目（二期）

承担单位：公安部天津消防研究所

研究目标：在“空调行业使用可燃性制冷剂安全风险评估”（第一阶段）的基础上，细化使用可燃制冷剂火灾风险的研究工作。包括：有家具摆放情况下 R290 泄漏的浓度分布和燃爆特征，R290 泄漏在室内机和室外机内部后引发的燃爆特征。同时进一步深化相关理论研究，包括风险水平与灌注量、房间面积及安装高度等的关系。

研究内容：研究有家具摆放情况下 R290 泄漏的浓度分布和燃爆特征，R290 泄漏在室内机和室外机内部后引发的燃爆特征，维修安装过程的风险水平，不同灌注量空调的风险水平变化；同时，仍需进一步深化相关理论研究，包括风险水平与灌注量、房间面积及安装高度等的关系，不同评估方法及事故树的细化描述，使用可燃制冷剂的空调火灾危险性分级指标体系，安全措施对于降低风险水平的影响。

研究成果：1）细化了空调使用可燃制冷剂的火灾风险评估内容，给出了不同场景下空调器使用可燃制冷剂的火灾后果和火灾预防措施；2）明确了不同环节中，空调使用可燃制冷剂发生燃爆事故的概率；3）提出了新的空调器最大充注量的计算公式。

8.5.3 工商制冷行业应用天然工质的适用性研究

承担单位：合肥通用机械研究院、中国制冷空调工业协会、西安交通大学、北京工业大学、珠海格力电器股份有限公司、烟台冰轮集团有限公司

研究目标：通过收集分析研究国内外 CO_2、R290、NH_3、H_2O 等天然工质的相关资料并结合必要的实验研究，全面了解 CO_2、R290、NH_3 等天然工质的基础性质，深入分析 CO_2、R290、NH_3 等天然工质的应用范围，多方位对比使用 CO_2、R290、NH_3 等天然工质的制冷系统的理论循环特性与实际运行特性，开展使用 CO_2、R290、NH_3 等天然工质的制冷设备的环境效益和经济成本分析，总结形成工商制冷行业应用 CO_2、R290、NH_3 等天然工质的适用性研究报告。

研究内容：1）收集国内外相关文献，开展各类天然工质特性基础调研；2）调研了解掌握天然工质的安全使用技术和措施，为后续研究提供技术支持；3）开展天然工质应用范围研究，探讨单元式空气调节机、多联式空调（热泵）机组、冷水机组等产品在标准限定下的适用形式和范围；4）针对各种应用工况，开展理论和实验研究，获得使用天然工质的制冷空调产品（如单元式空气调节机、多联式空调（热泵）机组、冷水机组等产品）的实际运行性能；5）开展使用天然工质的制冷设备的环境效益分析、成本分析和市场潜力分析，根据现有市场状况的调研分析，结合环境效益和成本分析，对天然工质制冷设备的市场潜力进行综合分析，为制造企业的产业决策提供总体建议，为天然工质推广应用提供技术支撑。

研究成果：1）工商制冷行业应用天然工质的适用性研究调研分析报

告；2）工商制冷行业应用天然工质的适用性研究理论及试验分析报告；3）各类天然工质的适用性研究的分项报告 4 份；4）工商制冷行业应用天然工质的适用性综合研究报告。

8.5.4 工商制冷行业应用 HFC－32 制冷剂的适用性研究

承担单位：合肥通用机械研究院、中国制冷空调工业协会、清华大学、浙江大学、珠海格力电器股份有限公司、浙江盾安人工环境股份有限公司、青岛海尔空调电子有限公司

研究目标：通过收集国内外 HFC－32 制冷剂应用的相关文献，结合行业计划已实施项目的实际案例，深入分析 HFC－32 制冷剂的应用范围，通过调研和实验等对比各工况下 HFC－32 制冷系统的理论循环特性与实际运行特性，开展使用 HFC－32 制冷剂的制冷设备的环境影响和经济成本分析，总结形成工商制冷行业应用 HFC－32 制冷剂的适用性研究报告。

研究内容：1）HFC－32 制冷剂特性基础调研；2）调研掌握弱可燃性 HFC－32 制冷剂的安全使用技术和措施；3）开展 R32 应用范围研究，探讨单元式空气调节机、多联式空调（热泵）机组、冷水机组等产品在标准限定下的适用形式和范围；4）通过理论分析、试制样机和必要的试验开展循环特性研究，获得使用 HFC－32 制冷剂的压缩机的运行域、以及使用 HFC－32 制冷剂的制冷空调产品（如单元式空气调节机、多联式空调（热泵）机组、冷水机组等产品）的实际运行性能；5）分析使用 HFC－32 制冷剂的制冷设备的环境影响；6）开展 HFC－32 制冷设备的成本分析，从制造成本、物流仓储成本、运行成本、维护成本等角度深入分析制冷设备从 HFC－22 制冷剂转换为 HFC－32 的成本变化；7）研究使用 HFC－32 制冷剂的制冷设备的市场潜力。

研究成果：1）工商制冷行业应用 HFC－32 制冷剂的适用性研究调研分析报告；2）工商制冷行业应用 HFC－32 制冷剂的适用性研究理论及试验分析报告；3）HFC－32 制冷剂不同应用领域适用性研究分项报告 3 份；4）工商制冷行业应用 HFC－32 制冷剂的适用性研究综合研究报告。

8.5.5 丙烷房间空调器安全性研究

承担单位：华中科技大学

研究目标：准确掌握R290房间空调器室内机泄漏和室外机泄漏时在机内的瞬时浓度分布情况以及室内机泄漏时在室内的瞬时浓度分布情况，区分危险区域，为室内机、室外机的电气设备的优化设计及房间空调器的安装提供参考，掌握R290房间空调器泄漏后各部分R290的残留量，为R290房间空调器的拆卸和维修提供指导，并进一步为R290房间空调器的安全推广应用奠定基础。

研究内容：1）R290高压侧泄漏完成后的泄漏量及其在空调器中的分布；2）R290低压侧泄漏完成后的泄漏量（比例）及其在空调器中的分布；3）R290室外机泄漏的浓度分布及其对风扇电机的影响；4）R290室外机（换热器）泄漏对压缩机室浓度的影响和密封要求；5）R290室外机压缩机室泄漏对压缩机室浓度的影响及其排放通路；6）R290室内机（换热器）泄漏对电气设备室浓度的影响和密封要求；7）R290室内机泄漏对室内瞬时浓度分布模拟；8）R290室内机泄漏时的危险区域及其对室内电气等潜在点火源布置的影响。

8.5.6 大功率丙烷分体壁挂式空调器适应性与安全性研究

承担单位：华中科技大学

研究目标：1）准确掌握大功率R290分体壁挂式空调器（2～3匹机）的性能特性，通过优化R290分体壁挂式空调器的蒸发器与冷凝器的结构，至少将2P丙烷分体式空调器的充灌量控制在标准允许的范围内；2）准确掌握大功率R290分体壁挂式空调器（2～3匹机）内制冷剂的分布规律；3）准确掌握大功率R290分体壁挂式空调器（2～3匹机）室外机发生泄漏在室外机周围的浓度分布及其风险区域；4）准确掌握大功率R290分体壁挂式空调器（2～3匹机）室内机发生泄漏在室内的浓度分布及其风险区域。

研究内容：包括适应性研究与安全性研究两部分，适应性研究的重点在于探讨大功率 R290 分体壁挂式空调器的制冷性能与充灌量的特性，通过理论与实验研究在保证制冷性能的基础上，尽可能地减少充灌量的方法，并使之满足各种标准的充灌量要求；安全性研究的重点在于大功率 R290 分体壁挂式空调器（2～3 匹机）发生泄漏时对大功率 R290 分体壁挂式空调器本身安全性的影响和对室外机周围空间及室内机周围空间的浓度分布的影响。

8.5.7 丙烷压缩机相关研究技术支持

承担单位：西安交通大学

研究目标：通过对 R290 旋转压缩机技术问题的深入研究，掌握启动过程中压缩机吸气、排气压力与汽缸内动态压力的变化；压缩机油池混合物黏度及溶解度变化规律；R290 旋转压缩机排油量；压缩机指示图测量；压缩机材料的摩擦磨损研究等重要数据。积极宣传推广研究成果，为行业内企业优化相关产品设计提供借鉴和参考。

8.5.8 高温地区房间空调器与大排量房间空调器 R290 旋转压缩机研究

承担单位：西安交通大学

研究目标：研究 R290 旋转压缩机在高温环境下的性能、可靠性与制冷剂含量问题，开发相关产品，给出其在高温工况下的全性能曲线，为高温地区 R290 房间空调器的产业化提高技术与高性能、高可靠性的关键部件支撑。研究大功率空调（3 匹）R290 旋转压缩机的性能与可靠性，且重点研究如何降低，在不同运行工况下，其内制冷剂含量，为 R290 大功率空调的研究提供技术支撑。

8.5.9 丙烷系统降充注研究

研究目标：在满足相关标准要求的前提下，提出降低 R290 空调系统充注量的解决方案，为行业企业提供借鉴和参考，促进 R290 制冷剂在家用空调中的安全使用。

8.5.10 含氢氯氟烃（HCFCs）替代技术和推广政策研究

承担单位：上海交通大学

研究目标：1）针对制冷、泡沫、清洗等主要行业淘汰HCFC的替代技术需求，以及我国环境保护和节能减排的要求，结合我国的实际国情，研究设计既顺应国际形势，又适合我国国情的HCFC替代技术路线；2）针对我国履行《蒙特利尔议定书》加速淘汰含氢氯氟烃（HCFC）的目标和任务，分析“十三五”期间HCFC淘汰对我国相关行业的经济影响、环境效益以及替代品应用领域，并按照不同行业对HCFC替代品的性能要求，研究提出我国HCFC替代技术（含替代品）推荐名录；3）提出推动低碳、节能、环保的HCFC替代技术和替代品应用的税收、贸易、绿色采购等方面经济支持政策的制订建议。

8.5.11 丙烷房间空调器制冷剂分布特征研究

承担单位：中山大学

研究目标：通过对将对丙烷（R290）制冷剂在各种不同状态下在系统内分布的情况的理论和实验研究，为行业内企业优化产品设计，如性能提升，安全措施的选择等提供基础。

研究内容：R290房间空调器制冷剂分布测试，包括制冷工况R290在系统内分布和制热工况R290在系统内分布；R290房间空调器仿真分析，包括空调部件及系统三维模型、R290空调稳态运行特征仿真分析、R290空调动态运行特征仿真分析；R290房间空调器制冷剂迁移规律，包括工况温度对R290分布的影响、压缩机转速对R290分布的影响、启动及停机过程R290的迁移规律、换热器参数对R290分布的影响。

8.5.12 丙烷房间空调器维修和使用过程中制冷剂的泄漏研究

承担单位：中山大学

研究目标：针对 R290 房间空调器产品和使用特点，在研究其泄露规律以及引起的风险的基础上，提出修改现行国际标准 IEC60335－2－40 安全标准，从而消除 R290 应用的关键瓶颈。

研究内容：可燃制冷剂房间空调器室内风场及泄漏规律理论研究，包括：1）空调制送风室内流场建模及分析；2）制冷剂泄漏浓度场建模及分析；3）可燃制冷剂泄漏室内浓度分布影响因素测试。可燃制冷剂空调器可泄露量研究包括：1）不同工况下空调内制冷剂分布；2）不同类型房间空调器最大可泄漏量；房间空调器最恶劣条件下可泄露量测量方法及验证；增加充注量后的可燃冷媒空调风险评估；用于制冷剂充注量增加的安全控制措施；IEC 国际标准修订提案编写。

8.5.13　低 GWP 制冷剂在高温地区的适用性研究

承担单位：中山大学

研究目标：对当前潜在的低 GWP 替代：制冷剂进行对比评估，同时重点研究 R290 房间空调器在高温工况条件下的性能及优化措施，主要包括：1）潜在低 GWP 替代制冷剂对比评估；2）R290 高温工况分体房间空调器分析及优化；3）R290 高温工况窗式房间空调器分析及优化。

研究内容：1）市场需求及潜在低 GWP 高温制冷剂调研；2）潜在低 GWP 替代制冷剂对比测试及评估；3）R290 分体式房间空调器高温工况特性及优化；4）R290 窗式空调器高温工况特性及优化；5）高温工况空调器安全防护。

8.5.14　房间空调器行业针对不同制冷剂的能效标准研究

承担单位：华南理工大学、中国标准化研究院、北京工业大学

研究目标：选择房间空调器为研究对象，建立包括能耗、ODS 排放和温室气体排放等在内的产品环境影响评价体系和评价方法。利用该评价方法，研究使用不同制冷剂在不同能效的情况下产品的环境影响。在此基础上，分析制冷剂的 GWP 值与能效指标的关联性，提出改进和完善能效标

准的政策建议，并提出下一步工作的实施方案。

8.5.15 丙烷房间空调器制热性能提升研究

承担单位：北京工业大学、广东科龙空调器有限公司、清华大学

研究目标：通过研究、分析、验证各种提高 R290 空调器制热量、改善制热能效的技术措施，提出提高空调器的制热性能的技术方案，积极宣传推广相关成果，为行业内企业优化产品设计提供借鉴和参考。

研究成果：1）R290 空调器制热能力的理论研究与强化制热技术分析。证明了就理论循环来讲，R290 与 R22 具有相近的制冷与制热能力和能效，在空调器中的实际性能表现差异主要在于换热器的设计。然后从理论上分析探讨了各种改进 R290 空调器制热性能的技术措施和实施效果。2）以满足标准对制热能力要求为目标，开展了兼顾制冷和制热性能的换热器设计分析与优化，建立了以蒸发器和冷凝器传热温差为设计变量、基于换热器温差适配的能力协同与性能优化设计技术，解决了 R290 房间空调器热能力不足的问题。3）针对 R290 制冷剂充注量限制，以减小充注量为目标开展了换热器与系统的设计优化。

参考文献

[1] 张朝晖．制冷空调设备维修技术与操作：上册 [M]．北京：中国纺织出版社，2018.

[2] http：//www. ozone. org. cn/zcfg_ 734/gjfags/200712/t20071228_ 15621. html

[3] 中华人民共和国国务院．消耗臭氧侧物质管理条例．2010

[4] 曹德胜，史琳．制冷剂使用手册 [M]．北京：冶金工业出版社，2003.

[5] 刘圣春，马一太，管海清．CO_2 空气源热泵热水器的研究现状及展望 [J]．制冷与空调，2008（2）：4 - 12.

[6] 肖友元，刘畅，郭春辉．自然工质 R290 在家用空调器中的应用研究 [J]．流体机械，2009（5）：61 - 65.

[7] 宁静红，彭苗，李慧宇．R290 家用空调的替代与应用研究 [J]．流体机械，2006（12）：72 - 75.

[8] 郭春辉，刘知新，徐永恩．R290 空调器系统混空气实验研究 [J]．制冷与空调，2013（5）：58 - 61.

[9] 刘振，赖想球，周向阳．R290 家用空调制热特性研究 [J]．流体机械，2013（3）：82 - 84.

[10] 杨林德，吴建华，候杰．分体式房间空调器 R290 和 R1270 替代 R22 实验研究 [J]．制冷学报，2013（2）：9 - 14.

[11] 李廷勋，杨九铭，曾昭顺，等．R290 灌注式替代 R22 空调整机性能研究 [J]．制冷学报，2010（4）：31 - 34.

[12] 肖庭庭，李征涛，陈坤，等．R290 替换 R22 应用于家用空调的试验研究 [J]．流体机械，2014（3）：67 - 70.

[13] 刘知新，郭春辉，郭畅，等．R290 家用空调器泄漏安全性实验研究．第五届中国制冷空调行业信息大会暨推进 HCFCs 加速淘汰国际论坛

论文集［C］. 北京：中国制冷空调工业协会，2014：212－214.
［14］张网，杨昭，李晋，等. 以R290为制冷剂的空调室外机火灾危险性［J］. 消防科学与技术，2013（3）：240－243.
［15］张网，任常兴，张欣. R290作为替代制冷剂的火灾危险性的研究进展［J］. 工业安全与环保，2012（10）：44－47.
［16］许玫. 日本制冷剂向R32过渡［J］. 制冷与空调，2013（10）：70－71.
［17］薛松. HFC－32最新市场形势及前景分析［J］. 浙江化工，2014（4）：1－4.
［18］范凤敏. 跨出关键的一步—中国工商制冷空调行业HCFCs替代进入实质性实施阶段［J］. 制冷与空调，2013（2）：8－9.
［19］贾磊，史敏，张秀平，等. 合成类HCFCs替代制冷剂的研究进展［J］. 制冷与空调，2011（1）：116－120.
［20］徐宝东. 国际保护臭氧层协议与氟化学产业的发展趋势［J］. 化学工业，2014（2－3）：14－18.
［21］史琳，朱明善. 家用/商用空调用R32替代R22的再分析［J］. 制冷学报，2010（1）：1－5.
［22］梅奎，李明，梁路军. R32和R410A循环特性对比研究［J］. 制冷与空调，2011（2）：56－59
［23］黄玉优，王俊，尹茜，等. R32空气源热泵热水器的实验研究［J］. 制冷与空调，2011（2）：69－72.
［24］陈政文，王娜娜，胡文举，等. R32、R22、R410A风冷空调机性能实验研究［J］. 低温建筑技术，2012（11）：130－122.
［25］谢翔，许鹏. R32在家用空调器中的应用研究［J］. 制冷与空调，2012（6）：58－60.
［26］郑泽顺，林小茁. 带有喷气冷却的R32风冷单元式空调机性能实验研究［J］. 制冷与空调，2013（1）：52－54.
［27］秦妍，张剑飞. R32制冷系统降低排气温度的方法研究［J］. 制冷学报，2012（1）：14－17.

[28] JARALL S. Study of refrigeration system with HFO－1234yf as a working fluid [J]. International Journal of Refrigeration，2012 (35)：1668－1677.

[29] ZILIO C，BROWN J S，SCHIOCHET G，et al. The refrigerant R1234yf in air conditioning systems [J]. Energy，2011 (36)：6110－6120.

[30] 刘圣春，饶志明，杨旭凯，等．新型制冷剂 R1234yf 的性能分析 [J]．制冷技术，2013，33 (1)：56.